中国甘薯生产指南系列丛书

ZHONGGUO GANSHU SHENGCHAN
ZHINAN XILIE CONGSHU

甘薯
储藏与加工技术手册

全国农业技术推广服务中心
国家甘薯产业技术研发中心 主编

中国农业出版社
北 京

中国甘薯生产指南系列丛书

编委会

主　编：马代夫　鄂文弟

副主编：刘庆昌　张立明　张振臣　赵　海　李　强
贺　娟　万克江

编　者（按姓氏笔画排序）：

万克江　马　娟　马代夫　马居奎　马梦梅
王　欣　王云鹏　王公仆　王叶萌　王亚楠
王庆美　王连军　王洪云　王容燕　木泰华
方　扬　尹秀波　冯宇鹏　朱　红　乔　奇
后　猛　刘　庆　刘中华　刘亚菊　刘庆昌
汤　松　孙　健　孙红男　孙厚俊　孙健英
苏文瑾　杜志勇　李　欢　李　晴　李　强
李秀花　李育明　李宗芸　李洪民　李爱贤
杨冬静　杨虎清　吴　腾　邱思鑫　汪宝卿
张　苗　张　鸿　张　辉　张　毅　张力科
张文婷　张文毅　张立明　张永春　张成玲
张振臣　张海燕　陆国权　陈　雪　陈井旺
陈书龙　陈彦杞　陈晓光　易卓林　岳瑞雪
周全卢　周志林　庞林江　房伯平　赵　海

胡良龙　钮福祥　段文学　侯夫云　贺　娟
秦艳红　柴莎莎　徐　飞　徐　聪　高　波
高闰飞　唐　君　唐忠厚　黄振霖　曹清河
崔阔澍　梁　健　董婷婷　傅玉凡　谢逸萍
靳艳玲　雷　剑　解备涛　谭文芳　翟　红

甘薯储藏与加工技术手册

编委会

主　编：赵　海　木泰华　鄂文弟　马代夫

副主编：钮福祥　陆国权　贺　娟　万克江

编　者：（按姓氏笔画排序）：

马代夫　马梦梅　王洪云　木泰华　方　扬

朱　红　孙红男　孙　健　杨虎清　张文婷

张　苗　张　毅　陆国权　陈井旺　易卓林

岳瑞雪　庞林江　赵　海　钮福祥　徐　飞

靳艳玲　鄂文弟　贺　娟　万克江　崔阔澍

提供图片和资料人员（按姓氏笔画排序）：

木泰华　方　扬　涂　刚　孙　健　孙红男

朱　红　张　苗　张　毅　张文婷　庞林江

徐　飞　岳瑞雪　钮福祥　黄振霖　崔阔澍

靳艳玲

前　言

我国是世界最大的甘薯生产国，常年种植面积约占全球的30%，总产量约占全球的60%，均居世界首位。甘薯具有超高产特性和广泛适应性，是国家粮食安全的重要组成部分。甘薯富含多种活性成分，营养全面均衡，是世界卫生组织推荐的健康食品，种植效益突出，是发展特色产业、助力乡村振兴的优势作物。全国种植业结构调整规划（2016—2020年）指出：薯类作物要扩大面积、优化结构，加工转化、提质增效；适当调减“镰刀弯”地区（包括东北冷凉区、北方农牧交错区、西北风沙干旱区、太行山沿线区及西南石漠化区，在地形版图中呈现由东北—华北—西南—西北镰刀弯状分布，是玉米种植结构调整的重点地区）玉米种植面积，改种耐旱耐瘠薄的薯类作物等；按照“营养指导消费、消费引导生产”的要求，发掘薯类营养健康、药食同源的多功能性，实现加工转化增值，带动农民增产增收。

近年甘薯产业发展较快，在农业产业结构调整和供给侧改革中越来越受重视，许多地方政府将甘薯列入产业扶贫项目。但受多年来各地对甘薯生产重视程度不高等影响，甘薯从业者对于产业发展情况的了解、先进技术的掌握还不够全面，对于甘薯储藏加工和粮经饲多元应用的手段还不够熟悉。

为加强引导甘薯适度规模种植和提质增效生产，促进产业化水平全面提升，全国农业技术推广服务中心联合国家甘薯产业技术研发中心编写了“中国甘薯生产指南系列丛书”（以下简称“丛书”）。本套“丛书”共包括《甘薯基础知识手册》《甘薯品种与良种繁育手册》《甘薯绿色轻简化栽培技术手册》《甘薯主要病虫害防治手册》和《甘薯储藏与加工技术手册》5个分册，旨在全面解读甘薯产前、产中、产后全产业链开发的关键点，是指导甘薯全产业生产的一套实用手册。

“丛书”撰写力求体现以下特点。

一是2019年中央1号文件指出大力发展紧缺和绿色优质农产品生产，推进农业由增产导向转向提质导向。“丛书”着力深化绿色理念，更加强调适度规模科学发展和绿色轻简化技术解决方案，加强机械及有关农资的罗列参考，力求促进绿色高效产出。

二是针对我国甘薯种植分布范围广、生态类型复杂等特点，“丛书”组织有关农业技术人员、产业体系专家和技术骨干等，在深入调研的基础上，分区域提出技术模式参考、病虫害防控要点等。尤其针对现阶段生产中的突出问题，提出加强储藏保鲜技术和防灾减灾应急技术等有关建议。

三是配合甘薯粮经饲多元应用的特点，“丛书”较为全面地阐释甘薯种质资源在鲜食、加工、菜用、观赏园艺等方面的特性以及现阶段有关产品发展情况和生产技术要点等，旨在多角度介绍甘薯，促进生产从业选择，为甘薯进一步开发应用及延长产业链提供参考。

四是结合生产中的实际操作，给出实用的指南式关键技术、技术规程或典型案例，着眼于为读者提供可操作的知识和技能，弱化原理、推理论证以及还处于研究试验阶段的内容，不苛求甘薯理论体系的完整性与系统性，而更加注重科普性、工具性和资料性。

“丛书”由甘薯品种选育、生产、加工、储藏技术研发配套等方面的众多专家学者和生产管理经验丰富的农业技术推广专家编写而成，内容丰富、语言简练、图文并茂，可供各级农业管理人员、农业技术人员、广大农户和有意向参与甘薯产业生产、加工等相关从业人员学习参考。

本套“丛书”在编写过程中得到了全国农业技术推广服务中心、国家甘薯产业技术研发中心、农业农村部薯类专家指导组的大力支持，各省（自治区、直辖市）农业技术推广部门也提供了大量资料和意见建议，在此一并表示衷心感谢！由于甘薯相关登记药物较少，“丛书”中涉及了部分有田间应用基础的农药等，但具体使用还应在当地农业技术人员指导下进行。因“丛书”涉及内容广泛、编写时间仓促，加之水平有限，难免存在不足之处，敬请广大读者批评指正。

编　者

2020年8月

目　录

第一章

我国甘薯储藏保鲜与加工技术的发展概况

随着生活水平的提高，消费者对新鲜、安全、高质量甘薯及其产品的需求不断增加。但甘薯含水量高达70%，且营养丰富，采后极易出现失水萎蔫、暗淡变色、腐烂变质等现象，有时经济损失率达30%以上。加上生产的季节性、地域性，“旺季烂、淡季断；旺季向外调、淡季伸手要”的被动局面还时有发生。因此，甘薯储藏保鲜成为了产业化生产减损、保值的基础。

甘薯的热量、脂肪含量、蛋白质含量、糖含量、磷、铁含量与米饭、面食和马铃薯等不相上下，而食用纤维、钙及维生素A的含量远远大于上述主食，另外，甘薯还富含多酚、黄酮等活性成分，营养均衡、全面，其独特的营养元素对人体产生的生理保健功能正在被越来越多的人青睐。加之近年来我国粮食产量的增加，甘薯的主要用途已由在“一年甘薯半年粮”的困难时期作为粮食，转变为目前的可作为粮食、饲料和工业原料等多种用途。因此，加工在甘薯各种用途应用中所占的比重逐渐增加，加工技术水平也在不断发展，已成为甘薯产业延伸、增值的重要手段。

一、甘薯储藏保鲜技术的发展

为了使储藏的甘薯营养最优化、减重最小化、形态和味道最美化，现已开发出多种储藏保鲜方法，不同的方法对甘薯的要求不同，成本差异大，保鲜周期也不同。主要如下：

（一）物理方法

1. 窖藏 我国传统的，也是现在使用最为普遍的甘薯储藏保鲜方法是窖藏法，有棚窖、井窖、软库等。通过自然通风降低温度、湿度，调节气体成分，也可配合使用谷壳、草木灰、干沙等吸收呼吸作用产生的水分。虽然很难实现对温度、湿度和气体的精准控制，但由于运行成本低而得到了较为广泛的使用。

2. 冷库 分为移动式和固定式冷库，可进行温度、湿度的精准控制，避免过多外界因素的干扰，但无调节气体成分的功能。运行成本较窖藏高。

3. 气调库 通过温度、湿度和气流的均衡控制，使薯块处于一个合理的新陈代谢水平。我国的研究表明甘薯储藏适宜温度为 10 ～ 15℃，相对湿度为 85%～ 90%，二氧化碳浓度不大于 10%，氧气浓度不小于 7%。而美国的控制要求较为严格，温度为15℃，相对湿度为85%，储藏过程保证每天每吨甘薯6米^{3}的新风量，储藏的理论时间为8 ～ 10个月。

4. 其他物理方法 除上述方法外，目前还开发出了辐照、紫外照射抑菌等来避免微生物侵染。对于价值较高的甘薯茎叶，开发出聚乙烯（polyethylene，PE）保鲜膜包装在10℃冷藏的方法，11天时亚硝酸盐含量处于安全水平，延缓黄酮含量、叶绿素含量的下降速率，保持较好的外观和气味，从而达到较好的保鲜效果。

（二）化学方法

依赖于化学药剂，通过喷洒、浸蘸、熏蒸、涂抹等方式将多菌灵、盐酸四环素、细胞激动素、青鲜素、噻苯咪唑、咯菌腈、抗菌肽、水杨酸、紫茎泽兰提取液、壳聚糖、异菌脲等化学试剂用于甘薯储藏保鲜已有报道，也有学者研究了香芹酮、乙烯、萘乙酸和臭氧抑制薯块发芽的效果，但这些技术尚处于研究阶段，目前未得到大规模推广应用，且药剂成本和残留问题需要关注。

二、甘薯加工技术的发展

（一）我国甘薯加工业的历史发展阶段

1988年，江苏省徐州市甘薯研究中心对我国甘薯的消费形式进行了调查，结果显示，我国甘薯消费的主要用途和份额为：26.9%用于工业生产，主要用于淀粉、酒精业；35.3%用作饲料，主要用于养猪；28.0%用于食用。从各用途所占比例来看，工业、饲料和食用比较均衡。1994年，江苏省徐州市甘薯研究中心再次对我国甘薯的消费形式进行了调查，结果显示，加工用甘薯的比例大幅上升，约占45%。2015年，国家甘薯产业技术体系产业经济专家组对甘薯消费结构和市场格局进行了调研，结果显示，对薯类淀粉加工机械和加工技术的研究与推广，推动了淀粉加工业和薯区农村经济的发展，甘薯加工比重继续上升，以淀粉加工为重点的加工比例上升到50%以上，有的地方甚至达到90%。如河北省卢龙县，河南省禹州、汝阳、封丘，山东省泗水、临沂、平阴，安徽省泗县、临泉县，江苏省东海县等，70%～85%的鲜薯被加工成淀粉。近年来，全国每年通过淀粉加工消费鲜甘薯3 500万吨左右。

（二）我国甘薯的主要加工产品

加工是提升农产品价值的重要手段，甘薯因其产量高，淀粉含量高，分布广泛等特点，适宜加工成多种产品。在加工产品种类方面，20世纪80年代初期以前，我国甘薯加工产品主要为淀粉及少量地瓜干，且以手工作业的家庭作坊为主，效率低，产量也不大；80年代中期以后，随着改革开放深入进行，乡镇企业不断涌现，甘薯淀粉加工企业和甘薯酒精生产企业有所发展；90年代以后，以甘薯为原料的休闲食品加工开始出现；进入21世纪以来，甘薯产后加工企业如雨后春笋般大量涌现，呈现了高速发展的态势；2010年之后进入转型升级阶段。

甘薯可加工利用的主要成分为淀粉，最直接的产品为淀粉及衍生物淀粉；甘薯还可以通过微生物发酵将其中的淀粉转化生产酒精、饮料、饲料、调味品及其他大宗工业产品。随着消费者对甘薯保健功能的认可，甘薯食品的研制和生产开发得到较快发展，质量亦不断提高，出现了甘薯方便食品、休闲食品、甘薯饮料、功能保健产品等产品。目前，已报道或出现的主要甘薯加工产品见表1。

表1 甘薯加工的主要产品

加工方式	品种	产　　品
发酵	酒精类	白酒、果酒、啤酒
	调味品类	酱油、醋、味精
	饮料类	乳酸菌发酵甘薯饮料
	饲料类	青贮饲料或发酵饲料
	其他工业产品	柠檬酸、丁醇、丙酮、丁酸、酶制剂、抗生素
非发酵	淀粉类	淀粉、粉丝、粉条、粉皮
	原料粉类	生粉、颗粒全粉、雪花全粉、高纤营养粉、茎叶青汁粉
	饮料类	紫薯汁、茎尖汁、茎尖茶
	蜜饯类	红心薯干、薯条、甘薯果脯、甘薯果酱
	糖果	软糖、饴糖、葡萄糖
	油炸/膨化类	油炸薯片、全粉膨化薯片
	糕点类	月饼、面包、蛋糕、薯蓉及面条、馒头等薯类主食
	保健品类	花青素、多酚、膳食纤维
	蔬菜类	冷冻甘薯、脱水蔬菜、盐渍菜、茎尖罐头等

（赵海　木泰华　等）

主要参考文献

戴起伟，钮福祥，孙健，等，2015. 我国甘薯加工产业发展概况与趋势分析[J]. 农业工程技术(35): 27-31.

戴起伟，钮福祥，孙健，等，2016. 中国甘薯加工产业发展现状与趋势分析[J]. 农业展望(4): 39-43.

国家甘薯产业技术体系产业经济专家组，2015. 我国甘薯产业现状与市场分析[J]. 调研报告.

刘新裕，1984. 甘薯、树薯及马铃薯之酒精生成效益研究[J]. 台湾农业探索(1): 21-22.

马代夫，1998. 国内外甘薯育种现状及今后工作设想[J]. 作物杂志(4): 8-10.

孙红男，木泰华，席利莎，等，2013. 新型叶菜资源-甘薯茎叶的营养特性及其应用前景[J]. 农业工程技术(农产品加工业)(11): 45-49.

汤月敏，代养勇，高歌，等，2010. 我国甘薯产业现状及其发展趋势[J]. 中国食物与营养(8): 23-26.

王志琴，Michael D. Boyete, 2018. 中美红薯收获储藏技术对比分析[J]. 农业机械(2): 39-41.

吴雨华，2002. 世界甘薯加工利用新趋势[J]. 食品研究与开发，24(5): 5-8.

第二章

甘薯储藏保鲜技术

甘薯皮薄肉嫩，水分含量高且容易碰伤，从而感染病菌引起腐烂。在储藏过程中，甘薯对温湿度很敏感，既怕冷又怕热，既怕干又怕湿。如储藏温度超过15℃，不但容易抽芽，还会因呼吸旺盛，干物质大量消耗，可溶性糖增加，抗病能力降低，而容易引起病害；如温度低于9℃则容易发生冷害而引起腐烂，发生冷害的薯块表面凹陷、呼吸增强、抗病能力减弱、食用品质大幅度降低。若相对湿度过低，薯块会出现干缩和糠心；湿度过高时，薯块容易发生腐烂。甘薯在储藏期如果长期通风不良，便会发生无氧呼吸，不仅伤口难以愈合，还会造成酒精积累，容易发生腐烂。目前，中国甘薯种植面积约670万公顷，产量1亿吨，约30%的甘薯因储藏不当造成了浪费，限制了甘薯产业的发展。因此，合理调控甘薯采后生理变化及正确应用储藏和保鲜技术，可大幅度减少甘薯因储藏不当造成的损失，提高甘薯产业的整体效益。

一、甘薯种薯储藏

（一）甘薯种薯储藏特性和要求

甘薯一般采用块根无性繁殖，留种的重量和体积都很大。种薯因为水分含量高、呼吸强度大，收获运输过程中易受到机械损伤。因此，对甘薯种薯的储藏条件要求很高。若储藏不当，不但会发生病虫害蔓延，引起种薯腐烂变质，发生疫病蔓延，还会加速种薯种质退化，降低价值。所以，在储藏种薯时，除了要按照一般种子储藏保管方法严格执行外，还应该仔细分析它的储藏特点，以便采取相应措施，实现安全储藏。

1.种薯的皮很薄，组织较脆嫩，碰撞和挤压极易造成种薯的擦伤损伤，导致种薯易受到病菌侵害而腐烂，常见的甘薯病害有软腐病、黑斑病等，严重时还会引起“烂窖”。

2.带有不同程度损伤的新收获种薯，如在高温高湿条件下，保持良好通风，种薯损伤部分就会形成木栓组织保护层，不仅能阻碍水分损耗，还能阻碍氧气和各种病原菌侵入。

3.种薯的可溶性糖可达5%～10%，对温度十分敏感。种薯入窖初期，强烈的呼吸作用放出大量水分、热量和二氧化碳，如不及时通风排除，轻则促使种薯发芽，重则导致病害蔓延。在一定范围内，温度越高，湿度越大，病菌繁殖蔓延越快，种薯呼吸强度越大，消耗营养物质越多，放出热量、水分和二氧化碳越多，如此反复，互相促进，造成种薯腐烂，引起“烧窖”。受损伤、发病的种薯呼吸强度明显高于完整种薯，产生的热量、水分、二氧化碳也多，种薯腐烂较严重。而低温能使薯心的原果胶增加，原果胶不溶于水，所以容易形成煮不烂的硬核（冷生核）。初期的硬核肉色不变，淀粉逐渐转化为糖，形成甜核。继续变化使单宁减少，多酚物质增加，遇空气迅速氧化，肉色发暗，其断面很少有乳白色汁液，生活力降低。如继续发展，病菌侵入使肉味变苦，维管束变黑，表面有明显凹陷斑块，用手捏时，组织滴清水，严重的脱水腐烂，失去生命力。因此，温度低、湿度大，会加剧腐烂程度。

4.种薯对湿度也十分敏感。当相对湿度低于80%时，种薯就开始因为失水发生干缩糠心，淀粉加速分解，抗病力减弱；当相对湿度过于饱和时，又会引起窖顶滴水导致病菌繁殖，发生腐烂。

5.种薯易“闷窖”。种薯入窖储藏后，由于长时间不通风，容易导致氧气浓度过低，二氧化碳浓度过高，从而影响正常的呼吸，引起细胞组织酒精积累中毒，抗病力减弱，时间久了也会导致腐烂的发生。

6.虽然种薯的产量随生长期的延长而增加，但生长期短的种薯生命力强，呼吸强度大，抗病力强。所以，夏薯、秋薯比春薯耐储藏。

7.在收获前，如水涝受渍、低温霜冻等原因使秋薯受到损伤，虽然当时表面无异常现象，但抗病力降低，种薯生命力明显下降，储藏时容易腐烂变质，蒸煮时有硬心。其受损伤程度越大，质变越严重。

因此，甘薯种薯储藏时需要选择合适的薯块并且对储藏的地点、温度和湿度严加把控。

（二）甘薯种薯储藏方法和设施

甘薯种薯的储藏特点和质变规律决定了在储藏时应采取相适应的技术措施。窖藏时的储藏方法如下：

1.适时收获，精细选种 由于甘薯没有明显的成熟期，需要种薯在不受低温霜冻的时期内采收窖藏。目前，比较合适的办法是根据当地的气温变化规律，找出适宜的收获期；在收获前进行株选，并做好标记；收获前2～3天，将地上枝叶全部割除，以利土壤水分蒸发并减少种薯所带泥土；从收获至入窖结束，应轻刨、轻装、轻运、轻放，减少机械伤和病害感染的机会；严格挑选合适的种薯。

2.选择适宜的窖址和窖型 除一些高温大窖外，一般采用地下窖储藏种薯。窖址应选择地势高、干燥、地下水位低、排水良好、土质坚实、运输方便、向阳背风和保暖的地块，并应在收获前1个月修好，以充分干燥。入窖前都需要提前消毒灭菌，窖底铺一层垫料布（一般用稻草），储藏窖的深度要超过历年冻土层的深度，以免窖内过于潮湿，引起烂窖。应根据气候、土质、地势等条件因地制宜选择窖型。沟窖适于不太冷，土质坚实性不太强的地区；棚窖适于不太冷、土质坚实的地区；井窖适于气候较寒冷、土质坚实的地区；窑洞窖适于在较寒冷、土质坚硬的山坡或土丘旁挖建。储藏窖应有密闭保暖和通风换气的功能。

3. 控制与调节储藏窖的温湿度　根据储藏期间气候的变化和种薯的生理变化，应遵循“两头防热，中间防寒”的原则，使储藏窖温度保持在10～15℃，相对湿度保持在85%～95%。具体做法如下：

（1）初期（入窖后20～30天）。种薯初入窖，含水量较高，呼吸较旺盛，放出热量、水分和二氧化碳较多，所以应该及时通风。随着气温下降，种薯呼吸减弱，应逐渐减少通风时间。

（2）中期（从初期过后至立春前）。应进行密闭储藏，封闭全部气孔和窖门。必要时还应加厚窖顶和四周土层，在储藏窖的东、北、西3个方向加设风障，以便于保温保湿。

（3）后期（从立春至出窖）。由于气温逐渐回升，窖温也随之升高，但这时气温变化无常，冷暖不定。所以，既要密闭防止热空气或冷空气的侵入，又要通风，防止窖内的温度过高、湿度过大。所以应该根据实际的气候和储藏窖的情况灵活掌握。

4. 控制与调节种薯堆放温湿度　种薯堆放所占的空间应该是储藏窖容积的70%～80%。种薯过多，氧气不足，二氧化碳浓度过大，会导致“闷窖”；种薯过少，散发热量不足，引起“冻窖”。将种薯堆积成正方形，尽量集中，减少与外界空间的接触面，从而使其散热面积达到最小，散热速度最慢。以充分利用堆积热，保持种薯安全越冬；在种薯堆表面加覆盖物厚度为20厘米左右，如稻草、麦秸等，既能保温，又能吸湿，但吸湿后应该及时更换。由于使用窖型与种薯堆的部位不同，温度有明显差别。如井窖种薯堆上层温度多低于中、下层；沟窖种薯堆中层温度高于上、下层，以下层温度最低；棚窖种薯堆上、中层温度多高于下层。所以，应多设几个测温点并经常检查。

种薯储藏最常见的还是在窖中，其他还有一些在储藏袋和纸箱中进行储藏，方法要点如下：

(1) 种薯选择。选择大小均匀、表皮光滑、无机械损伤、无病虫害的薯块为种薯。

(2) 准备储藏袋及储藏箱。用纸箱或木箱或塑料周转箱作储藏箱，单个储藏量不宜超过20千克，必要时加一些稻草，避免挤压损伤。

(3) 储藏方法。先在包装箱底部放一层厚3 ～ 5厘米的纸屑或稻草，将薯块横放于箱中，挂好标签，每层摆放的甘薯数量根据箱子大小而定，不要高出箱子平面，摆放于储藏库内。

(4) 储藏期管理。储藏后的第20 ～ 25天进行翻种检查，捡出坏种，按同样方法再进行储藏。

二、鲜食甘薯储藏保鲜

（一）鲜食甘薯储藏特性和要求

甘薯蒸煮后既软又甜，很好吃，但有时也会碰到煮不软的甘薯，这是什么原因呢？如果收获前田间积水，甘薯泡在水里时间较长，会使甘薯内部发生变化，这种变化在于水的渗透压远远低于甘薯组织中细胞液的渗透压，再加上水又有从低渗透压处向高渗透处流动的特性，于是水就自由通过细胞膜进入细胞，从而产生硬心。除此之外，影响鲜薯商品性和食用价值的因素还很多，甘薯的安全储藏与妥善管理是开发甘薯食品的前提，必须牢牢抓住这一重要环节，否则，开发甘薯食品将会成为空谈。

市售鲜食甘薯要求如下：

1. 外观好看 一般要求薯块纺锤形、薯块较短，两端较钝，皮色鲜艳，无条沟，根眼浅，薯肉黄至红色，或至紫色。

2. 熟食味佳 熟食味道纯正，粉质适中，口感香、甜、糯、软，或栗子香口味，纤维少。

3. 干净卫生、无病虫害　薯块无破伤，不带泥土杂质，不带黑斑病、茎线虫病等，无虫口。

4. 薯块大小整齐　国内市场以200 ～ 500克、国外市场以100 ～ 400克的薯块最受消费者欢迎。

5. 无污染　按绿色农产品生产的要求进行操作，提供优质、安全的鲜食甘薯是未来市场的最基本要求。

6. 精品包装　可以选择上等精品，采用特制纸箱（2.5千克、5千克、10千克）包装，提高产品档次。

鲜食甘薯在储藏方面主要需要注意以下几点：

1. 甜度　甘薯在刚收获时甜度比较小，但是在储藏一段时间后，甘薯的口感会变甜，这主要有两个原因：一是蒸发导致水分的减少，甘薯中糖的浓度就会相对增加；二是在储藏存放的过程中，水参与了甘薯内淀粉的水解反应，淀粉水解成糖，使得甘薯内糖分增多。

2. 毒素积累　甘薯在收获、运输和储藏过程中擦伤摔伤的薯体部分，易于被病原菌污染，储藏于温度和湿度较高的条件下，病原菌生长繁殖并产生毒素。而这些被病原菌污染所产生的毒素被人食用后容易引起食物中毒。因此，在收获、运输和储存过程中为防止薯体受伤，在储存过程中要保持较低的温度和湿度。要会识别并且不食用病变甘薯，病变甘薯的表面有圆形或不规则的黑褐色斑块，薯肉变硬，具有苦味、药味。病变甘薯不论生吃、熟食或做成薯干食用均可造成中毒，只有轻微霉变的甘薯可去掉病变部分的薯皮薯肉，浸泡煮熟后少量食用。

3. 防止发芽　采后甘薯在储藏过程中容易发芽，甘薯发芽虽然不会像马铃薯一样产生对人体有害的成分，去掉甘薯上长出来的芽也是可以食用的，但是，甘薯长芽后由于水分和营养成分的大量流失，吃起来不仅口感不好，还会失去食用价值，需要注意的是，发芽的甘薯如果表皮呈现褐色或黑色的斑点也是不能食用的，因为这是受黑斑病菌污染所致，会引起食物中毒。因此，为了保证鲜食甘薯的口感，在储藏过程中应注意储藏温度不宜超过15℃，以防止甘薯发芽。

（二）鲜食甘薯储藏方法和设施

1.储藏方法 鲜食甘薯储藏是增收的重要手段之一。在临沂市甘薯主要产区——张庄镇的调查统计结果表明，鲜甘薯收获后销售价为0.76元/千克，经过两个月的储藏，销售价达到2.1元/千克，经济效益提高了近3倍。但是，鲜食甘薯在储藏过程中如管理不当，往往会出现烂窖现象，导致经济损失惨重，因此，掌握鲜食甘薯安全储藏技术是确保种植效益的重要措施之一。

常见的储藏方式有自然冷源储藏、气调储藏、通风储藏、机械储藏等。

（1）甘薯的自然冷源储藏。甘薯的自然冷源储藏主要采用以下几种方式，其管理措施叙述如下：

①室内储藏。选择严密而温暖的屋子，靠墙根四周围砌一圈火道，搭一炉子用于加温。在地面上砌一甘薯储藏囤子，囤高1～1.5米，宽1.5～2米，长度根据屋子大小和储藏量的多少而定。囤底和四周垫适量的豆叶，起防寒保温作用。入囤时轻拿轻放，避免损伤，剔除有病甘薯。然后生火加温进行愈伤处理，通过窗上的风斗降温。此后随着气温的下降封严门窗，在甘薯上盖6～9厘米厚的豆叶。天气寒冷时上边再盖一层草帘防寒，并适当生火加温。

②井窖储藏。选择地势高，土质坚实，地下水位低的地方，向下挖一井筒，一般直径1米左右，井筒深5～6米。井筒底部正中留一土台，再从井底向两侧水平方向挖宽约1米、高1.5米左右的洞，挖进约1米以后再往大扩展成储藏室。储藏室的大小可根据储藏甘薯数量多少而定，一般高1.5米、宽1.5米、长2～3米的储藏室可储甘薯1 500～2 000千克。井窖口要比地平面高出30厘米左右，以防雨水或雪水流入窖内。储藏室内要

垫干沙10 ~ 15厘米，其上堆放甘薯。储藏室装量七成满，以便留出换气空间，否则会因湿热加重腐烂。人员下井进行管理时，要注意防止井内二氧化碳浓度过高，使人窒息。

③棚窖储藏。棚窖的构造和北方的大白菜窖相似，但保温性能要比大白菜窖好。一般挖宽约2米、长3 ~ 4米、深2米左右的地窖。如地下水位过高，也可挖成半地下式，露出地面部分用土打墙。也有的挖成圆筒状，直径约为2米。挖出的土垫在窖口四周，高出地面30厘米以上，窖口上架以木棍，然后再铺约30厘米厚的秸秆，秸秆上面再覆0.5 ~ 0.8米厚的土。在靠窖的东南角留一出入口。将甘薯由底向上堆积，在甘薯与窖壁之间要围垫约10厘米厚的细软草，避免甘薯与窖壁直接接触。接近地表的部位围草更应加厚一些，防止受低气温和冻土层的影响。薯堆高约1.3米，上方留约1米的空间。储藏初期采用自然通风散热，但出入口要遮盖草帘。窖温下降到13 ~ 15℃时，甘薯上再盖上10 ~ 15厘米厚的干豆叶或碎稻壳。窖顶覆土要从窖边四周向外1米远的地方开始，不使窖边土层冻结。在窖底纵横方向挖三条宽和深各约20厘米的通气沟，横沟与纵沟等距离交叉，两端沿窖壁通到薯堆的上面。通气沟上稀排木条或林秸，以免被薯块堵塞。

棚窖也可进行创新建设，结合蔬菜大棚的冬季增温特性、揭膜通风特点和传统地窖的保温性能，人为控制窖内温、湿度和空气浓度，如图1建造的大棚窖，以满足甘薯安全储藏的目标任务。

④屋窖储藏。屋窖的结构与普通房屋相似，但墙壁屋顶较厚，四周密封，窗户对开，有加温用的火道，可进行愈伤处理。屋窖有大屋窖（储10 000 ~ 50 000千克）和小屋窖（储1 500 ~ 3 000千克）两种。甘薯入窖前在窖内铺荆笆或高粱秆，使薯堆不直接接触地面。薯堆中每间隔1米放一个通气筒或高粱把，堆高1.3 ~ 1.5米，上留约0.5米空间，薯堆四周不可直接靠墙。

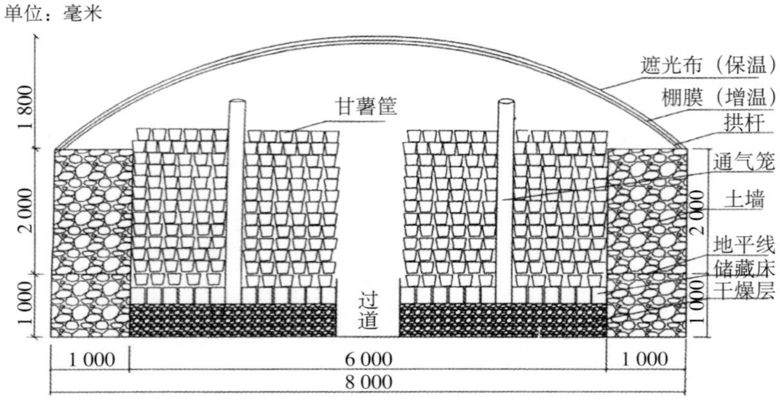

图1　棚窖断面

愈伤处理时，火要大，加温要猛，使窖温一昼夜内上升至32 ～ 35℃，薯堆上、中、下都要放置温度计，每隔1 ～ 2小时检查一次温度，保持4 ～ 6天高温即可促使伤口愈合。愈伤处理后应打开窖门及对流窗，使窖温迅速下降至15℃左右，即可进入正常储藏期。

储藏前期若窖温过高，可在晴天开窗散热，待窖温稳定在13℃时应注意保温。以后随气温下降加挂门帘，并堵死通气口。室外温度太低时应生火加温，并在薯堆上盖草保温。立春后天气转暖，在晴天可适当开窗通气。整个储藏期要隔2 ～ 3天检查一次窖温，尤其应注意避免低温伤害。

（2）气调储藏。选取优良的气调储藏条件，例如，当甘薯气调储藏温度12℃，二氧化碳浓度5.0%，氧气8.0%，相对湿度90%时，效果优于普通冷藏，储藏期可达150天左右，感官新鲜饱满，不生根萌芽、不软腐、不糠心，好果率提高，减少失重率，维生素C和β-胡萝卜素保存率提高，刚入储时提早5天进入呼吸平稳期，所有呼吸强度值减少40%以上。

（3）通风储藏。通风储藏库多建成长方形或长条形，为了便于管理，库容量不宜过大，目前我国各地发展的通风储藏库，通常跨度5～12米，长30～50米，库内高度一般为3.5～4.5米。库顶有拱形顶、平顶、脊形顶，如果要建一个大型的储藏库，可分建若干个库组成一个库群。

（4）机械冷藏。机械冷藏是利用良好的隔热材料建筑仓库，通过机械制冷系统的利用，将库内的热传送到库外，使库内的温度降低并保持在有利于延长产品储藏期的温度水平的一种储藏方式。机械冷藏起源于19世纪后期，是当今世界上应用最广泛的新鲜果蔬储藏方式，20多年来，为适应农业产业的发展，我国兴建了不少大中型的商业冷藏库，个人投资者也建立了众多的中小型冷藏库，新鲜果蔬产品冷藏技术得到了快速的发展和普及。

2. 设施

（1）储藏设施的要求。甘薯储藏适宜的温度为13～15℃，相对湿度为85%～90%。湿度过小，薯块失水多，会出现皱缩、干尾现象；湿度过大，会产生冷凝水，薯块会受到湿害。甘薯在储藏期间一直不间断地进行呼吸，随着二氧化碳浓度增加，氧气供应不足，呼吸会逐渐减弱，氧气严重不足会引起缺氧呼吸，造成自身中毒，因此，在储藏期间要适当通风。气体伤害值二氧化碳不大于10%，氧不小于7%。因为甘薯是对低温很敏感的作物，储于13℃以下即会发生冷害，未经愈伤处理的甘薯对冷害更加敏感。冷害的症状是甘薯内部变质，呈褐色或黑色，煮熟后有异味和硬心，甘薯的储藏温度也不宜过高，高温再加上高湿条件会刺激甘薯发芽、糠心。传统上很多农民利用地窖储存，目前广泛采用的是能够高温愈合的大屋窖，其优点是建造成本低、节约能源等。

（2）国内甘薯储藏设施。

①环境控制的精准性。我国甘薯储藏窖内环境控制管理比较粗放，大多是依据温湿度计的大体数据，手动调整加热和窗户装置，很少配置加湿器。所以温度、湿度和通风量的控制是在一个范围值内的模糊控制。

②设施配套性。我国仓库中大多是堆放方式，缺乏配套设施。少量使用的塑料箱体不仅没有论证其通风效果，且箱壁产生的凝结水导致靠近箱壁的甘薯容易腐坏。

③负压通风技术运用。负压通风技术是从室内抽出空气，由于室内气压低于室外，室外的空气从进风口进入室内，实现通风换气。负压通风系统投资少，管理比较简单。

(3) 国外甘薯储藏设施。目前美国的甘薯仓库建筑形式、内部格局和设施都是根据负压通风的工艺要求而设计的，北卡罗来纳洲农业服务部已经为其颁布了相应的建设导则。甘薯储藏库大多为钢结构或者框架结构单层建筑，跨度和长度是根据储藏容量、储藏箱的尺寸、储藏箱的层数和过道宽度计算得出。储藏箱是木板条箱，从田间收获、储藏到运输延续使用，三维尺寸有行业标准。

图2　软腐病

三、加工专用甘薯储藏

（一）加工专用甘薯储藏特性和要求

1. 食用加工用甘薯储藏特性和要求　食用加工型甘薯主要指用于加工甘薯蜜饯类食品（薯条、薯仔、甘薯果脯、蜜饯等）和油炸、膨化类食品（油炸薯条、油炸薯片、膨化薯片等）的甘薯。此类甘薯要求应具有比较高的比重（1.08 ~ 1.12），干物质含量应达20% ~ 22%，淀粉含量达14% ~ 16%。干物质含量越高产品产量越高，生产出的产品品质越好。油炸过程中薯条的颜色主要取决于还原糖的含量，一般情况下还原糖含量不应超过0.3%，刚刚收获的甘薯加工出的成品均可达到要求。但如果经过长期低温储藏，尤其是低于6℃的储藏，除了易受冷害外，还会导致还原糖含量增加，油炸后的薯条颜色变深。在这种情况下需要将甘薯在15 ～ 20℃条件下储藏2 ～ 3周，再用于加工。还原糖不仅与品种、储藏条件有关，还与影响甘薯块根的环境因素、栽培条件有关。

因此，一般选择含糖量较低、不易糖化、β-淀粉酶的活性较低的品种，一般可作为薯脯加工或出口冷冻加工产品原料。薯脯加工原料一般选择优质黄肉、红肉抗褐变品种；出口冷冻加工原料薯块选优质黄肉品种，如日本红东、北京553等。

品种的选择及储藏对薯条品质起着决定性作用，优质的鲜薯品种是食用加工型甘薯加工业的基础。甘薯储藏过程中淀粉及还原糖含量随着储藏条件的变化而变化。储藏温度不同可引起还原糖含量的显著变化；淀粉与还原糖含量之间无显著相关性。将甘薯置于15 ～ 20℃回温处理可缓解甘薯低温糖化现象；随着储藏时间的延长，甘薯干物质和淀粉含量随之下降。

2. 淀粉加工用甘薯储藏特性和要求 淀粉加工型甘薯主要作为工业化生产的原料，用以生产酒精、乳酸、酶制剂、变性淀粉及生物抗生素等工业化产品。此类甘薯的特点为薯块光滑整齐、薯肉洁白、可溶性糖含量低；淀粉含量和单位面积淀粉产量高，一般薯块淀粉率为23%～25%，且淀粉颗粒大、沉淀快；蛋白质、果胶、灰分及多酚类物质含量低。根据地区及当地相关产业发展的不同，选用的淀粉加工用甘薯品种也有所不同。

储藏期间，甘薯内的淀粉不断分解为糖与糊精，由于淀粉分解为可溶性糖，使得甘薯中的淀粉含量下降。储藏期的前2个月内，甘薯中的可溶性糖浓度会迅速增加，而在后期储藏期中可溶性糖浓度则会有所降低，储藏一个冬季后的淀粉含量降低20%左右。甘薯中的淀粉和糖分的转化与储藏期温度的高低密切相关，在10℃低温条件下，淀粉浓度下降较快，而可溶性糖浓度增加迅速。

甘薯淀粉在储藏期间的损失对生产企业来讲是十分严重的。

因此，要严格控制甘薯的储藏期，保持甘薯淀粉的最佳含量。例如，徐薯18在自然储藏条件下的淀粉含量在储藏2个月时的下降幅度低于5%，下降速度明显低于其他普通甘薯品种，但是最好在储藏的前2个月内完成鲜薯的加工和直接利用。徐薯18淀粉含量保持较好的原因就在于其失重（水）速度较慢，且徐薯18块根的呼吸速率在储藏60天期间一直上升直到最高值，60天后仍维持高的呼吸速率，推测徐薯18鲜薯中的糖酵解速度在储藏的前期（2个月）较慢，从第3个月开始速度加快，会导致淀粉含量急剧下降。

3.饲料加工用甘薯储藏特性和要求 饲料加工用甘薯的特点为薯蔓产量高，再生能力强；干茎叶的粗蛋白含量在15%以上，富含主要的氨基酸，块根也富含蛋白质、胡萝卜素和维生素C；茎叶涩液少，饲口性、消化性和饲料加工品质好。

饲料加工用甘薯抗病性弱，易感染病害，很容易腐烂。鲜薯皮薄水多，组织脆嫩，容易遭受损伤和细菌侵害而引起腐烂。危害最普遍、严重的病害有：黑斑病、软腐病（图2）等。切片烘晒干储虽好，但受气候条件限制，花工耗能多，营养价值亦有所降低；而直接粉碎配料加工颗粒饲料则不能完全熟化，直链淀粉分解转化率低，动物消化吸收差，维生素破坏量大，烘干耗能多。因此，甘薯饲粮的最佳储藏调制饲用方法是：先将甘薯青储保存，营养优化，然后配制成各种畜禽动物的全价配合饲料。

4.色素加工用甘薯储藏特性和要求 色素加工型甘薯富含紫色素、花色素苷、胡萝卜素、黏液蛋白等营养物质，多被用于提取其中的天然色素物质，用作药品、食品和化妆品的着色剂，或用于开发各种保健食品，开发前景非常广泛。

该类甘薯一般生育期达120天便可收获，如适当延长生育期，能获得更高的产量。收获时选择晴天采收，就地晾晒1 ～ 2小时，清除须根和薯蒂，边收边分级，轻拿轻放，防止碰伤薯皮，减少病菌感染机会，同时薯块水分散失快，降低了块根的储藏性。

在纯化、加工及储藏过程中，紫心甘薯花色苷的稳定性易受温度、pH、光照、抗坏血酸、氧气等因素的影响，导致花色苷降解，引起甘薯色泽变化，造成甘薯品质下降。

储藏应在阴凉、通风的屋内，将薯块叠放在木板上，在木板上可撒些稻秆灰，以防虫、防潮。有条件的放入冷库储藏，以温度12 ～ 13℃，湿度85% ～ 90%为宜，储藏期间注意经常检查，通风换气，清除腐烂薯块，同时应避免阳光直射，可延长储藏时间。

5.茎叶蔬菜用甘薯储藏特性和要求 茎叶蔬菜型甘薯一般茎叶长势旺盛，分枝和采后再生能力强，适应性广，叶柄茎尖产量较高；叶色翠绿，茎尖部分幼嫩、无绒毛，熟食鲜嫩爽口，无苦涩味和其他异味，适口性好，此类甘薯一般用于直接上市销售或加工成高档蔬菜出口，代表性的品种主要有：薯绿1号（图3）、福薯7-6、莆薯53等。

图3 薯绿1号

菜用甘薯茎叶组织柔嫩，含水量高，较易脱水萎蔫。为保持较高的营养含量和品质应及时收获，茎叶初始采收期宜在植株封垄以后。采摘应在无雨的下午，气温下降以后、结露之前进行，以免采后茎叶温度过高引起呼吸旺盛或茎叶带水诱发病害。茎叶采收应用剪刀轻微截取，使剪口平整并轻拿轻放，减少外力挤压，以免使茎叶破碎、擦伤或断裂，最好用纸箱将茎尖向上整齐码放。采收后应尽量缩短储运时间，简化储运的中间环节。

甘薯茎叶采后仍进行各种生理活动，发生物质的代谢和转化，主要是呼吸作用。要维持茎叶的品质、延长储藏时间，应创造适宜的储藏条件，控制不利因素。储藏温度和时间是影响甘薯茎叶营养成分及品质的重要指标。在一定温度条件下，随着储藏时间的延长，维生素C、蔗糖、氨基酸、蛋白质、粗纤维等营养元素的含量均呈下降趋势。在一定的温度范围内，降低温度可以降低菜用甘薯叶片组织的代谢速率，保持茎叶的风味和营养，减缓营养物质的消耗，有利于保持茎叶的品质，延长储藏期。但过低的温度，如低于0℃，会使茎叶结冰，细胞组织遭到破坏，使茎叶软化，颜色变深，营养素流失，失去食用价值；低于4℃，部分茎叶会出现冷害问题。而过高的储藏温度，则会增强茎叶的呼吸消耗，加快营养元素分解，降低茎叶的食用品质，缩短储藏期。因此，储藏温度一般选择在8℃左右。在(8±1）℃时可有效减缓营养物质的损失，延缓衰老，延长储藏期。在茎叶的外面套一层多孔的塑料包装袋（聚丙烯、聚酰胺等材质）或者一些专用的果蔬呼吸膜，其保鲜效果会更好。

（二）加工专用甘薯储藏方法和设施

1.食用加工用甘薯储藏方法和设施 可采用室内储藏、井窖储藏、棚窖储藏、屋窖储藏、气调储藏，方法和设施同本章第二节“二、鲜食甘薯储藏方法和设施”。

2.淀粉加工用甘薯储藏方法和设施

(1）甘薯的预处理。

①采用紫茎泽兰处理。紫茎泽兰的化感作用对甘薯储藏期间的耐性有促进作用。紫茎泽兰处理后，会使处理受体体内的丙二醛含量降低，超氧化物歧化酶和过氧化物酶增加。这些酶的变化可能会使甘薯的抗性得到增加，因此耐性也会相应增加。紫茎泽兰与甘薯质量比1：15的剂量对甘薯在藏期保鲜作用效果最佳。

②噻苯咪唑（thiabendazole，TBZ）熏蒸。TBZ是果蔬保鲜中较常用的一种杀菌剂，它能有效地杀死真菌或抑制其生长繁

殖。甘薯采收以后需在自然条件下放置5天，使其愈伤，然后转入冷库在4℃下低温处理2天，再将冷库缓慢升温，每天升温1℃，直至11℃下长期储藏。在冷库升温期间用含量为4.5%的TBZ熏蒸剂按每立方米6克用量处理3小时，塑料袋包装，可储藏7个月左右，腐烂指数低，商品率高。甘薯储前经愈伤、低温处理，TBZ 熏蒸结合塑料袋包装，在适宜的温度下储藏，保鲜效果理想，食用安全卫生。

③辐照处理。综合抑芽效果、霉腐率、生理指标和营养指标等各个方面考虑，辐射剂量在0.05千戈瑞左右的辐照处理能有效降低甘薯的发芽率，保持较低的霉腐率和呼吸速率，维持正常的总淀粉含量和α-淀粉酶活性，既有极好的抑芽效果，又能使甘薯的霉腐率处于较低水平，可考虑在甘薯的储藏保存中采用。

（2）淀粉加工用甘薯储藏方法和设施。淀粉加工用甘薯储藏方法和设施与本章第二节“二、鲜食甘薯储藏方法和设施”类似。

3. 饲料加工用甘薯储藏方法　甘薯块根、茎叶或加工后的副产品，可通过简单的加工制成各种畜禽的优质饲料，不仅营养丰富，还可延长饲料供应期。

甘薯打浆塑料薄膜青储技术，是运用饲料青储原理，将甘薯打成浆，储存在厌氧环境中，通过乳酸发酵作用，产生大量乳酸，抑制有害微生物的滋生，达到长期保存的目的。通过鲜储法和综合加工法，也可有效地解决甘薯提取淀粉过程中，产生的大量甘薯粉渣易酸败霉变，造成饲料浪费的现象。

4. 色素加工用甘薯储藏方法和设施

（1）果蜡涂膜保鲜技术。果蜡涂膜处理紫甘薯块根能够降低由于紫甘薯块根的失重率和花青素含量下降引起的损失，果蜡+柠檬酸和果蜡+氯化钙处理均能够降低腐烂率，减少淀粉、可溶性糖的消耗，在实际紫甘薯商品薯储藏中以营养品质为目标时，可采用果蜡+柠檬酸配方，以综合口感评价为目标时，可采用果蜡+氯化钙配方。而果蜡复合涂膜对紫甘薯储藏过程中生理机制的影响则需要进一步研究。

（2）茉莉酸甲酯处理　经过茉莉酸甲酯处理，能提高紫薯在储藏过程中的还原型谷胱甘肽含量、酶活性和酚类物质含量，抵御病原菌的入侵，保证储藏品质，延长货架期。

5.茎叶蔬菜用甘薯储藏方法和设施

（1）低温保鲜。在常温条件下储藏甘薯嫩叶的营养损失速度远大于低温储藏的损失速度。甘薯嫩叶在常温下储藏5天后叶黄素含量达到80%，为食用极限。在低温环境下储藏9天，维生素C和胡萝卜素的残留量仍较高。可见低温储藏条件对菜用甘薯的储藏保鲜效果较好，对降低菜用甘薯叶片组织的代谢速率、减少物质消耗、延缓组织衰败、保持菜用甘薯叶片的风味和营养有一定的作用。但若温度过低（低于4℃），甘薯嫩叶会有不同程度的冷害或冻坏现象。因此甘薯茎叶蔬菜的推荐储藏温度为（8±1）℃。

（2）覆膜。甘薯茎尖采后呼吸和蒸腾作用较强，叶片极易萎蔫和变软，储藏时间较短。覆保鲜膜和微孔膜，结合低温处理，在储藏期内能维持重量几乎保持不变。菜用甘薯收获后，覆膜配合低温保存可有效延长货架期约48小时，有利于促进菜用甘薯推广及市场的有效供应。

（3）速冻。在速冻机中迅速冻结甘薯茎尖，在低温下包装后放入低于-18℃的低温冷库中恒温冷藏，可以最大限度地保持甘薯叶原有的营养成分、风味、色泽等，延长了甘薯叶的上市期，从而产生很好的经济效益和社会效益。

（陆国权　庞林江　杨虎清　等）

主要参考文献

崔莉，刘春泉，李大婧，等，2011. 辐照对发酵甘薯保鲜效果和功能活性的影响[J]. 核农学报，25(6): 1184-1190.

董玲霞，周志林，戴习彬，等，2018. 菜用甘薯采后保鲜技术研究[J]. 安徽农业科学，46(16): 176-178.

司金金，辛丹丹，王晓芬，等，2017. 温度和保鲜膜对红薯叶贮藏品质的影响[J]. 食品工业科技(17):26-274.

石小琼，林标声，杨永林，等，2013. 甘薯气调保鲜最佳贮藏条件研究[J]. 食品研究与开发: 92-96.

吴翠平，沈学善，王西瑶，等，2016. 果蜡复合涂膜对紫甘薯贮藏保鲜效果的研究[J]. 四川农业大学学报，34(1): 73-77.

忻晓庭，2018. 抑芽处理对心香甘薯品质的影响[D]. 杭州: 浙江农林大学.

徐公纯，钮福祥，杨辉，等，2010. 甘薯自动控温控湿规模贮藏节能保鲜库的研究[J]. 山西农业科学(02): 71-72, 76.

殷俊峰，刘广平，2013. 臭氧在甘薯贮藏保鲜中的科技创新应用[J]. 现代农业科技(16): 286.

于烨，姜爱丽，胡文忠，等，2012. 茉莉酸甲酯处理对鲜切紫薯生理生化及品质的影响[J]. 食品工业科技，33(15): 331-334.

张有林，张润光，王鑫腾，2014. 甘薯采后生理、主要病害及贮藏技术研究[J]. 中国农业科学(3): 553-563.

第三章

甘薯食品加工

甘薯除了直接鲜食及留作种薯以外，还有很大一部分用于食品加工。甘薯食品加工种类主要包括：甘薯淀粉、甘薯粉条粉丝、薯脯、甘薯脆片、薯片、甘薯月饼、甘薯面包、冰烤薯、甘薯全粉等产品。

一、甘薯淀粉及制品

（一）甘薯淀粉

1. 甘薯淀粉简介 淀粉是甘薯的主要组成成分，占其干重的50%～80%。甘薯淀粉是指从甘薯块根或甘薯片中提取的淀粉。根据生产工艺的不同，常分为酸浆法甘薯淀粉和旋流法甘薯淀粉。

2. 酸浆法甘薯淀粉生产工艺流程及技术要点 甘薯淀粉浆液中除含淀粉外，还有纤维、蛋白质等成分。为了使淀粉和纤维、蛋白质高效分离，可以向甘薯淀粉浆液中添加酸浆，酸浆中含有大量具有凝集淀粉颗粒能力的乳酸乳球菌，不仅可使淀粉颗粒沉降速度大大加快，而且解决了浆液中蛋白质、纤维对淀粉的吸附作用，从而使淀粉与蛋白质、纤维分离。

（1）工艺流程。

甘薯原料选择→清洗→磨碎成浆→筛分→兑浆→撇缸→坐缸（发酵）→撇浆→起粉→脱水→干燥→成品（图4）

兑浆

撇缸

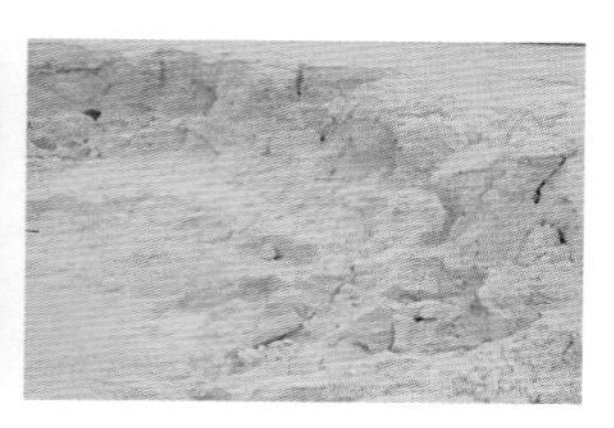

起粉

图4　酸浆法生产甘薯淀粉的现场图

（2）技术要点。

①甘薯原料选择。制作甘薯淀粉的原料包括新鲜的甘薯和干制的甘薯片，目前生产甘薯淀粉的原料主要以鲜甘薯为主，仅有少部分企业或作坊以甘薯片为原料。此外，甘薯淀粉加工用薯要求淀粉含量高、无病害、无腐烂。

②清洗。由于甘薯生长在地下，表面泥土较多，甘薯在破碎前应尽量用流动的水清洗干净，减少后期淀粉中的泥沙含量。

③破碎。将薯块输送至破碎机内打成碎块，然后进入锉磨机等精磨设备破碎以便于提取淀粉。

④筛分。将粉碎后的薯浆进行筛分过滤去除薯渣，目前使用较多的是离心筛，根据工艺不同一般先用60 ～ 80目的粗筛第一次分离，然后再用120 ～ 180目的细筛第二次分离，除去细小的薯渣。

⑤兑浆。向筛分后的淀粉浆中加入酸浆的过程称为兑浆，加入酸浆的比例根据酸浆的酸度和天气条件而有所不同，然后静置沉淀8 ～ 10小时。

⑥撇缸和坐缸。兑浆沉淀后将上层褐色水取出的过程为撇缸，留在底部的为淀粉。在撇缸后的底层淀粉中加入清水混合，调成淀粉乳，使淀粉再沉淀约24小时，这个过程为坐缸。

⑦撇浆。经坐缸后，上层清液为小浆，将小浆撇去的过程为撇浆，在淀粉表面留有一层灰白色的油粉，是含有蛋白较多的淀粉，后期可经清水清洗精制。

⑧起粉。将撇浆后沉淀的淀粉从池或缸中取出即为起粉，

一般底层的淀粉会含有泥沙，应去除。

⑨干燥。比较小的甘薯淀粉加工企业或作坊主要采用自然晾晒的方式进行干燥，有时会采用吊包控水和粉块晾晒两个步骤，但这种方式所得甘薯淀粉质量不稳定，且受天气影响较大，目前应用较少。

3. 旋流法甘薯淀粉生产工艺流程及技术要点 旋流分离法是近年来迅速发展起来的一种依靠高速离心力使淀粉快速分离的方法。旋流分离法生产甘薯淀粉的磨浆、过滤等工艺与酸浆法相似，不同之处在于旋流分离法采用碟片式离心机来分离浆液中的淀粉、蛋白质和纤维，也可用数级旋流洗涤工艺分离，或者二者同时使用。合用工艺即先使甘薯淀粉粉浆经过碟片分离机将蛋白质、纤维等成分分离，得到粗淀粉乳，再通过数级旋流洗涤器进一步纯化淀粉，得到精制淀粉乳。

（1）工艺流程。

鲜薯→清洗→磨碎成浆→筛分→除沙→旋流／机械分离浓缩→精制提纯→真空脱水→干燥→成品（图5）

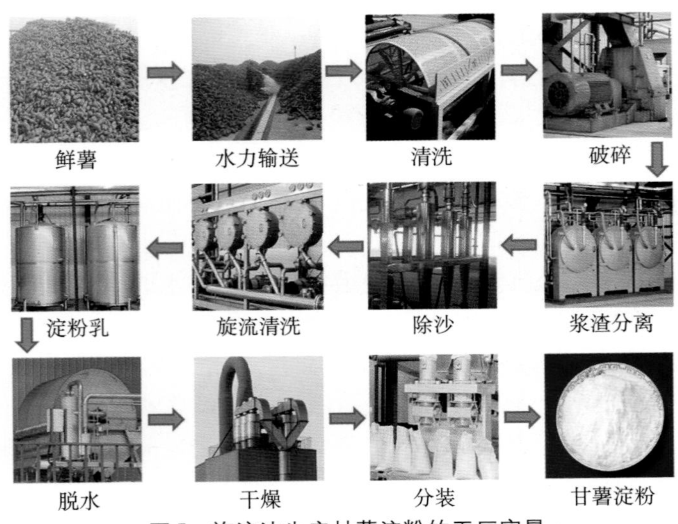

图5　旋流法生产甘薯淀粉的工厂实景

（2）技术要点。除了酸浆法提取甘薯淀粉中涉及的几个关键技术要点外，旋流法甘薯淀粉的主要技术要点还包括：

①除沙。薯浆经筛分过滤后再利用除沙器、除泥器等的设备充分去除淀粉中细微杂质颗粒，保障淀粉口感与品质。

②旋流/机械分离浓缩。采用旋流器或碟片离心机在高速离心的条件下将淀粉与蛋白质、纤维和果胶等成分进行有效分离，使淀粉得到高效浓缩精制，提高淀粉的白度。

③真空脱水。精制后所得淀粉乳的水分含量较高，不适宜进行直接干燥，因此需要通过真空脱水装置降低淀粉乳中的水分含量，便于下一步干燥。

④干燥。干燥过程主要采用气流干燥等设备处理，迅速去除粉末状湿淀粉中的水分，此种方式干燥强度大、蒸发能力强、干燥时间短、无污染、淀粉质量好。干燥过程中需要控制好干燥温度、风速、进料速度等参数，防止温度过高引起淀粉糊化，或温度过低导致淀粉干燥不完全。

4.甘薯淀粉在食品加工业中的应用　目前，甘薯淀粉在食品中主要用于生产甘薯粉条和粉丝，部分甘薯淀粉用在食品加工和餐饮中作为增稠剂。甘薯淀粉还可以应用在生物医药领域作为药品的赋形剂。另外，以甘薯淀粉为原料还可以制作多种变性淀粉，如交联酯化甘薯淀粉、乙酰化甘薯淀粉等，可应用到食品和化工领域。

（二）甘薯粉条、粉丝

1.甘薯粉条、粉丝简介　甘薯粉条、粉丝是受许多人喜爱的一种淀粉加工产品，具有洁白光亮、透明、软硬适度、口感滑爽等特点，且烹调简便、成本低廉。甘薯粉条及粉丝是指以甘薯淀粉为主要原料（>50%），通过和浆（打糊）、成型（漏粉）、冷却（冷藏或冷冻）、干燥或不干燥等工序制成的条状或丝状非即食性食品。其中，以甘薯淀粉为唯一淀粉原料制成的粉条（粉丝）可以称为纯甘薯粉条（粉丝）。粉条或粉丝主要根据直径或宽度不同来划分，一般粉条内径≥1毫米，粉丝内径<1毫米。

甘薯粉条在我国已有上百年的制作历史，其加工工艺也在随着时代的变迁和加工设备的改进而逐渐发生变化，目前常见的制作工艺除了传统的手工工艺外，还包括机械化的漏瓢式、涂布式和挤出式工艺。

2. 传统手工工艺流程及技术要点

(1) 工艺流程。

配料→打芡→和面→漏粉→煮粉糊化→冷却→切断上挂→晾条→打捆包装→成品（图6）

图6　传统手工工艺生产甘薯粉条的主要环节

(2) 技术要点。

①配料。选用色泽洁白、无杂质、无污垢、无霉变的纯甘薯精细淀粉。粉条和粉丝具有粗细之分，所以选料也有不同，一般来讲，粗粉条选用淀粉含量比细粉条稍高。

②打芡。打芡是生产粉条的关键环节，其主要作用是把淀粉颗粒迅速粘连起来，使揉好的粉团形成有规则和一定强筋力的骨架。传统方法是将淀粉与少量明矾溶解在50 ~ 60℃的热水

中，然后混拌淀粉，使淀粉充分吸水并搅成糊状，使淀粉颗粒完全化开，然后加热到淀粉呈半透明、完全糊化为止。

③和面/揉面。和面可以由人工或和面机完成，将制好的芡糊放入揉粉盆内，加入甘薯淀粉，当盆内淀粉的含水量在48%～50%时停止加入干淀粉，反复混合揣揉一段时间，当粉料表面光滑、无疙瘩、不粘手时粉料即和好。判断的标准是让一团粉料自由下落成丝状，以丝条不粗不细、下流速度不快不慢为最好。如果下流速度过快，表明加的芡糊少，则要加芡糊；如果下流速度过慢，表明加的芡糊多，则必须多加水和干淀粉。

④沸水漏粉。先将锅内的水加热，根据粉条的宽粗度决定铁锅内的水是否要煮沸。当水温适宜时，即可把揉好的面团装满粉瓢漏粉。采用漏粉机生产粉条时，要先在锅上安装好漏瓢，当锅内水温为97～98℃时，将粉团放在瓢眼上，压成细长丝状，直接落入锅内沸水中，即凝成粉丝。要调整漏粉机粉瓢与锅内水面的高度，使粉条直径达到所需的要求。注意在添加粉料时保持均匀，粉料不高于粉瓢的边沿，尽量减少漏粉机的振动，可保持加工成的粉条条形匀直、粗细一致。如果要生产其他形状的粉条，只要换上不同规格的模板即可。当粉条入锅后，并且煮熟上浮时，要立即沿粉头顺序将粉条从锅中捞出，放入冷水内。

⑤冷却。将锅内的粉条拉出，放入冷水缸内降温清漂，并用小竹竿将粉条理顺，排在冷水内凉1小时左右，待粉条疏松不结块时，再放到晾粉架上沥水，并置于高湿、阴凉的室内冷凝12小时。

⑥冷冻。通过冷冻后的粉条易于分散、无并条现象，并且能增加弹性。因此高品质的纯手工粉条主要在冬季和初春制作，以便充分利用这两个季节的低温天气对粉条进行冷冻处理。

⑦晾条。当粉条被冻透冻好后，将其取出，用水将粉条上残留的冰霜冲掉，挂在屋外迎风向阳处晾晒，当晒到干燥度达50%时搓粉理丝，使并条的粉条全部散开。

3. 漏瓢式加工工艺流程及技术要点

（1）工艺流程。

配料→打芡→和面（合芡）→抽气→漏粉→煮粉糊化→冷却→切断上挂→冷凝→冷冻→解冻干燥→（压块）包装→成品（图7）

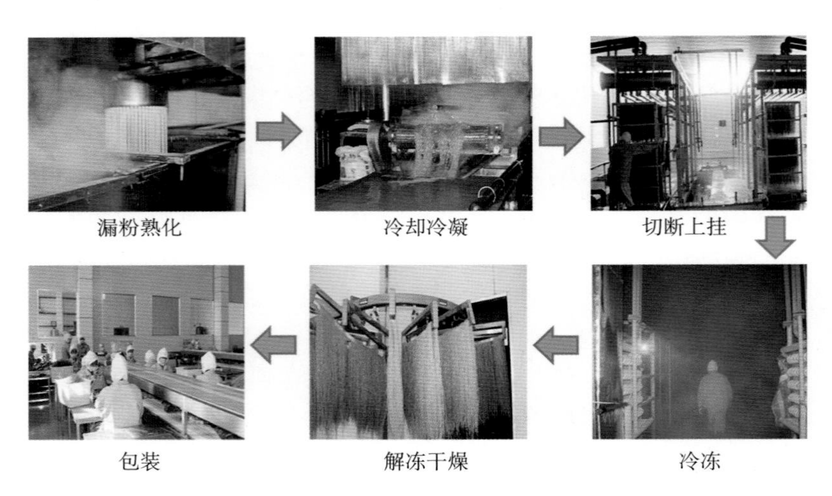

图7　漏瓢式加工工艺生产甘薯粉条车间

（2）技术要点。主要技术要点除了手工工艺流程中提到的配料、打芡和和面外，还包括：

①漏粉熟化。采用漏粉机生产粉条时，要先在锅上安装好漏瓢并调整好漏瓢与锅内水面的距离，当锅内水温超过95℃时，将粉团放在瓢眼上，压成细长丝状，直接落入锅内沸水中，即凝成粉条、粉丝，熟化后的粉条随着转动的传送带送至冷凝区域。

②冷却冷凝。传送带将糊化后的粉条通过喷淋冷水进行多次冷却处理，并通过分切设备切断挂起沥水。

③冷冻。与纯手工制作粉条不同，机械化冷冻后的粉条易于分散、无并条现象，并且能增加弹性。粉条沥水、冷却后，

挂在不透风的冷库内，排列架好，进行冷冻。

④解冻干燥。采用大风量低温干燥机对冷冻的粉条进行升温脱水，然后可将粉条放在圆形盒子内形成盘状，或壁挂式通过隧道式干燥机进行脱水干燥。

4. 涂布式加工工艺流程及技术要点

（1）工艺流程。

配料→调浆→涂布→糊化脱布→预干→冷却→老化→切丝成型→干燥→包装→成品（图8）

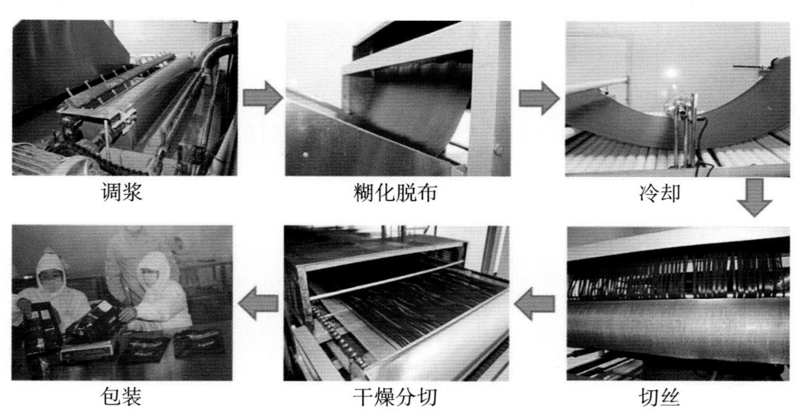

图8　涂布式加工工艺生产紫甘薯粉条车间

（2）技术要点。涂布式加工工艺主要特点在于淀粉浆或淀粉糊是在经过完全糊化后再经过机械分切形成条状，然后经干燥形成粉条或粉丝。

①调浆。调浆前也需进行打芡和和面，但所得淀粉糊需要一直进行搅拌使其处于流动状态，然后均匀地涂在蒸汽加热板上进行糊化。

②脱布。形成整张的淀粉片需要在合适的作用力下完整地从平板上脱下，这将保证后期粉条的完整性，减少次品的出现。

③冷却。糊化淀粉片脱布后经过低温区域迅速老化，老化过程一定要彻底，否则在分切时会粘在刀具上。

④切丝。老化后的淀粉片经过辊刀设备被竖切成适当尺寸的粉条或粉丝，辊刀片间的尺寸就是分切后粉条的尺寸，分切尺寸不宜太小，刀片间距太小会导致粉条陷入其中不易出来。

⑤干燥分切。粉条分切后进入干燥区域，应采用低温大风量对粉条进行干燥，以便保持粉条原有的形状，然后进行冷风降温，之后确定好粉条长度进行横切。

5. 挤出式加工工艺流程及技术要点

（1）工艺流程。

配料→打芡→和面→投料→熟化→挤出→切断→上挂→低温老化→干燥→包装→成品

（2）技术要点。对于挤出式加工工艺，其加工过程中的熟化和挤出步骤同时完成，挤出后经过冷却切断上挂，同时完成低温老化和干燥的步骤，该方法操作简单，对原料要求不高，省去了煮粉工序，生产效率高、能耗低，但制出的粉丝光泽、弹性相对较差。其主要技术要点除了配料、打芡、和面之外还包括熟化和挤出。挤出式加工一般采用螺杆自熟式粉丝机制作，淀粉面团的糊化和挤出成条的工序同时完成，其步骤主要是将含水量约40%的淀粉糊送到挤出机的工作腔内，在一定压力下运动，淀粉与螺杆间、腔壁间摩擦而产生热量，当温度达到一定值（淀粉的糊化温度）、一定时间后，淀粉糊化，同时经孔板的孔中挤出、冷却，即成粉丝。

二、甘薯休闲食品

（一）低糖薯脯

1. 薯脯简介　薯脯，又称薯条、甘薯条，俗称地瓜干，是甘薯糖制产品，属于果脯蜜饯类。产品具有甘薯独特的香味，色泽半透明，口感柔软筋道，老少皆宜，深受消费者喜爱。

地瓜干生产在我国有悠久历史，尤其福建连城一带生产的地瓜干，品质优、口感好，享誉全国，并曾经出口到国外。如今，福建、浙江、河北等广大丘陵地区及一些平原地区也都有企业从事地瓜干生产，产品市场覆盖全国各地，成为市场不可或缺的一类休闲食品。

薯脯（地瓜干）作为传统食品，生产技术含量不高，工艺简单，容易掌握，生产成本低，投资规模可大可小，产品有成熟的市场，投资风险较小。

2. 薯脯（地瓜干）生产工艺流程及技术要点

（1）工艺流程。

新鲜甘薯→挑选→清洗→去皮→切条（或片）→护色→烫漂→糖渍→烘烤→拣选→产品

（2）技术要点。

①原料要求。原料以黄肉或橘红肉为宜，干物率适中，粗纤维含量少。

②挑选。剔除带有病虫害、冻害、虫眼及裂皮等不合格薯块。大小适中，便于切分；薯皮光滑、薯形规则，便于去皮。

③切条。机器或手工切条，由于甘薯质地酥脆，机器切条效果不理想，断条较多；手工切条效果好，但效率低。切条断面边长1厘米左右为宜。

④护色。甘薯中多酚氧化酶可致鲜切薯条褐变，采用事先配好的复合护色液浸泡处理。

⑤烫漂。烫漂的目的是为了钝化氧化酶的活性。烫漂时要开水下料，至熟而不烂，掰开薯条断面无硬心、无色差为宜。

⑥糖渍。又叫浸糖，将烫漂后的薯条置入浓度40%左右的糖液中，浸泡数小时，待薯条内外渗糖平衡，渗透呈透明状即可。

⑦烘烤。烘烤是去除水分的过程，烘烤温度50～75℃，至产品含水量18%左右为止。

3. 薯脯（地瓜干）生产工艺的革新 薯脯（地瓜干）（图9至图11）是传统工艺，随着技术和社会的进步，传统产品及其工艺技术需要与时俱进，进行革新和改造，以适应新时代的需要。

随着人们对健康的需求不断提高，果脯蜜饯产品的高糖和高残留成为其致命的缺陷，因此，产品低糖工艺应运而生，产品含糖量大幅度降低。同时，国家也严格规定了产品残硫的标准，生产企业也想方设法采取更加安全的替代措施进行产品护色处理，如无硫处理、真空处理等方法，效果良好。新的原料品种对工艺有新的要求，紫肉甘薯是甘薯原料的新品种，因其含有丰富的花青素而呈现艳丽的色泽，已有的工艺不能完全适宜，如在护色技术方面，配方需要调整。在环保方面，采用清洁能源电、蒸汽为热源代替火道式和煤炭为燃料的烘烤方式，使生产环境更加清洁。通过这些改造和革新，提高了质量，降低了成本，薯脯及其他果脯蜜饯产品的面貌有了较大改观，产业呈现出新的活力。

图9　黄肉薯条

图10　紫肉薯条

图11　黄肉薯片

（二）甘薯脆片

1. 甘薯脆片简介　果蔬脆片是果蔬真空油炸产品，是近年来广为流行的一种果蔬加工新产品，它是果蔬在低温真空条件下，以棕榈油为介质脱水干燥加工而成，产品最大限度地保存了原有的色泽、风味和营养成分，附加值高、口感好，深受消费者喜爱。

甘薯脆片作为果蔬脆片系列产品的一员，具有其独特的品质，几乎保留了甘薯全部的营养物质，如膳食纤维、黄酮类、胡萝卜素、B族维生素及丰富的矿物质，并以其酥脆的口感、浓郁的甘薯香味而深受消费者青睐。

2. 甘薯脆片工艺流程及技术要点

(1) 工艺流程。

新鲜甘薯→清洗→去皮→切片（条）→护色→烫漂→冷冻→真空油炸→脱油→调味→包装→产品

(2) 技术要点。

①原料要求。为便于切片，薯块大小适宜；肉色黄色或红色；干物率18%～25%，干物率适当低些，口感更显酥脆。

②切片（条）。切片厚度3毫米左右，切条断面长、宽8毫米左右为宜。

③烫漂。沸水下料，烫漂1～3分钟，至熟而不烂。烫漂后立即捞出，投入冷水中冷却，以便冷冻。

④冷冻。冷冻是真空油炸关键环节，温度要求-25℃以下，物料中心温度达-18℃左右，使物料中的水分全部结晶。

⑤真空油炸。真空油炸是最重要的环节，油炸温度、真空度决定产品质量。真空油炸温度因物料不同而有差异，一般在75～95℃，真空度控制在-0.095兆帕左右，真空度高，水分汽化快，脱水时间短，产品酥脆性好。

⑥脱油。真空状态下进行脱油，能够最大限度去除残油，降低产品含油率，真空脱油后产品含油率20%左右。

⑦调味。根据口感嗜好不同，可添加不同口味的调味料，如烤肉味、番茄味、芝士味等。调味在调料机中进行，使调料均匀，浓淡适宜。

⑧包装。因产品组织呈多孔状，容易吸湿回潮，故需要严密包装；为防止压碎，而采用罐体包装或充氮包装，也避免了氧化。

近年来，紫肉甘薯颇受欢迎，紫薯脆片成为一个流行的产品备受青睐，但是，紫薯容易脱色，生产时要严格区分，防止不同产品相互染色，影响感官品质。

甘薯脆片生产中，有一项工艺之外的重要工作不可或缺，就是洗油。一锅油经过多次（一个班次）使用后，油中溶解了很多物质及脱落的残渣，影响产品色泽和流动性，需要进行定期清洗，最好每班次一洗，更换产品必须清洗，使生产可持续进行。图12至图14为常见的甘薯加工食品。

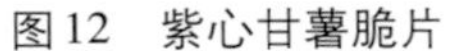

图12　紫心甘薯脆片　　图13　甘薯条　　图14　甘薯脆片礼盒

（三）复合薯片

1. 复合薯片简介　经济的高速发展、生活节奏的加快促使人们改变了传统的生活方式，新一代消费群体在不断壮大，使方便食品始终保持良好的增长势头。复合薯片是一种以甘薯全粉为主要原料生产的产品，由于其风味独特、含油量低、保质期长、携带方便、品质稳定等特点，已成为风靡世界的一种休闲食品，年销量达数千亿元。

2. 复合薯片生产工艺流程和技术要点

（1）工艺流程。

配料→混合→压片→成型→油炸→调味（图15）

（2）技术要点。作为复合薯片的主要原料，甘薯全粉应占总量的50%以上，其他为工艺性配料和少量用来改善制品特性的功能性配料，主要包括玉米淀粉、马铃薯淀粉、玉米粉、糊精及改性剂等。由于食用淀粉在面团中具有调节面筋胀润度的作用，当淀粉颗粒与水一起加热时，淀粉吸水膨胀，产生了复合薯片的酥脆、微膨化效果。

复合薯片产品的感官评价标准主要包括薯片形状、脆度、风味、色泽等。

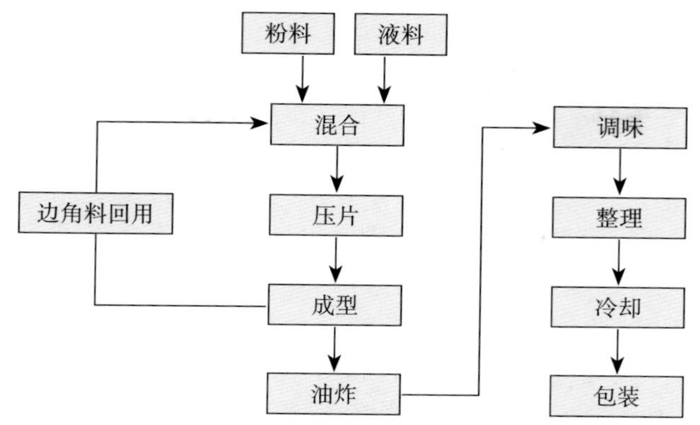

图15　甘薯复合薯片加工工艺流程图

①薯片形状、大小。典型的复合薯片（图16）形状多为圆形或椭圆形，直径一般为3 ~ 5毫米，厚度一般为1.0 ~ 1.5毫米。目前，各生产企业为了吸引眼球，陆续推出了自己特有的个性化规格的产品。

②薯片脆度。产品必须保持良好的脆度，而且表面平整，不得带有明显气泡。

③薯片风味。根据不同地区、不同人群的消费习惯适时调整口味。

④薯片色泽。具有典型甘薯薯肉的颜色，鲜艳的金黄色（黄肉甘薯）或紫红色（紫肉甘薯）。

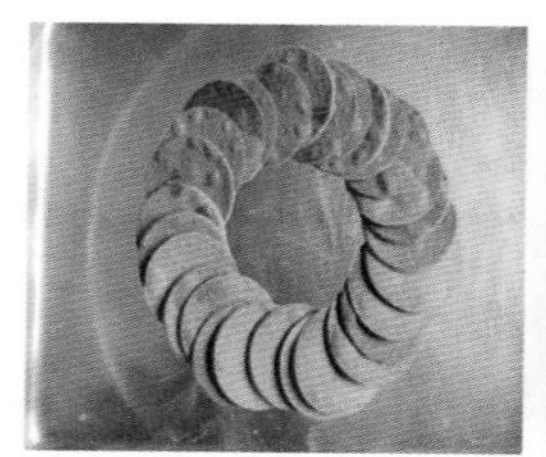

图16　甘薯复合薯片

（四）复合薯条

1.复合薯条简介 近年来，随着甘薯加工企业的技术进步，以甘薯泥制作的产品日渐增多，福建连城甘薯加工基地已经形成系列化产品，按照工艺不同，有凝胶类和非凝胶类；按形态有枣形和卡通异形等；按色泽有黄色和紫色。复合类产品形式各异，口感柔软细腻筋道，老少皆宜，市场前景看好。

本产品以甘薯泥为主要原料制作而成，是一种凝胶类复合甘薯制品，其口感、色泽、形态鲜明，别具一格，采用不同肉色的甘薯泥还可以制作成彩色薯条、薯枣等，产品更加丰富多样。

2.复合薯条工艺流程和技术要点

（1）工艺流程。

白砂糖、食用胶→混合→溶解

↓

原料→清洗→去皮→切分→熟化→打浆→混合→浓缩→注模→凝固→切条→烘烤→包装

（2）技术要点。

①原料。选用口味好、黄肉或紫肉甘薯品种为原料。

②食用胶。食品级明胶、琼脂或复合型果胶类，其添加比例为1%～5%。

③浓缩。浓缩是为减少烘烤阶段水分蒸发量，提高初始固形物含量，保持产品形态饱满。

④凝固。于冷凉处快速冷却、凝固，凝固后产品呈糕状，富有弹性。

⑤切条。宜采用钢丝刀切条，条断面规格0.8厘米左右见方，长度10厘米左右，或根据包装需要切取长度。

⑥烘烤。50～75℃，烘烤至含水量15%～20%。

⑦包装。因薯条规格统一，便于采取标准化的包装，不同色泽及长度尺寸，丰富了包装形式。常见复合薯条如图17至图20。

图17 彩色复合薯条

图18 双色复合薯条卷式包装

图19 超长复合薯条

图20 花色复合薯角

（五）甘薯月饼

1.甘薯月饼简介 月饼系以小麦粉、食用油、糖（或不加糖）等为主要原料制成饼皮，包裹各种馅料加工而成，为我国传统佳节中秋节的主要节日食品。我国月饼品种繁多，按加工工艺可分为热加工月饼和冷加工月饼；按地方派式特色分类，可分为广式月饼、京式月饼、苏式月饼、潮式月饼等。

月饼在我国有着悠久的历史，随着月饼市场回归传统食品及文化自然属性，我国中秋月饼市场的消费潜力巨大，在150亿～200亿元。但传统月饼具有“高油、高糖、高热量”的特点，与目前人们追求健康饮食的理念相悖，而将甘薯引入月饼馅料研发新型月饼，不仅可以改善传统月饼过于油腻的口感，增加适口性，还可以提升月饼的营养价值，市场前景良好。

甘薯本身富含淀粉及可溶性糖，作为馅料可以不添加外来糖源，同时含有丰富的膳食纤维、矿质元素、多糖蛋白、花青素（紫薯）及其他多种生理活性物质，具有通便排毒、预防结直肠癌、降低血脂、延缓衰老等作用。甘薯月饼系以甘薯、芝麻、燕麦等多种杂粮为馅料加工而成，具有高营养、高纤维、低热量、口感好等特点，越来越被消费者喜爱，可以成为常年食用的营养型糕点类食品。

2. 甘薯月饼工艺流程及技术要点

（1）工艺流程。

面粉、食用油、糖浆等→混合、搅拌→醒发→面团

↓

新鲜甘薯→清洗→去皮→蒸煮→制泥→配料→馅料→包馅→成型→烘烤→冷却→包装→成品

（2）技术要点。

①制皮。将食用油、糖浆、碱水按比例放入容器中混合搅拌均匀，筛入面粉拌匀揉成面团，覆盖保鲜膜，室温下放置1小时以上。

②制馅。

a.甘薯的预处理。选用口感好、粗纤维少的黄肉或红肉健康薯块为原料，清洗干净后，去皮切分。

b.蒸煮、制泥。将切分后的薯块蒸熟，再按比例加入各种配料，用搅拌机捣碎成泥状馅料以备用。

c.包馅。按照一定比例将面团、馅料分别加入包馅机的皮料料斗和馅料料斗里，调节切割速度、馅料速度、皮料速度和输送速度，完成包馅工序。

d.成型。使用月饼成型机，调节外膜气压、内膜气压、脱模气压和磨具图案清晰度以及月饼的位置，达到最佳效果。

e.烘烤、包装。调节烤箱底温190℃，面温200℃，烤制5分钟后，取出表皮刷上蛋黄液改善制品色泽，继续烤制40分钟左右，至饼皮金黄，取出月饼，冷凉后进行包装（图21）。

图21　甘薯月饼

（六）甘薯面包

1. 甘薯面包简介　一般而言，面包是以小麦粉、水、盐（或糖）、酵母和其他成分为原料经焙烤而成的。面包制作过程的成功与诸多因素有关，如原料、混合时间、酵母等。在这些因素中，面包的质量主要取决于小麦粉中的面筋蛋白，其可使面团具有弹性，也有利于保持酵母发酵时产生的二氧化碳。

甘薯面包，顾名思义，是以优质甘薯全粉和小麦粉为主要原料，突破甘薯面包成型难、发酵难、体积小等技术难题，通过创新工艺焙烤而成。目前，甘薯全粉占比为30%以上的甘薯面包已经研发成功（图22）。甘薯面包集甘薯的特有风味与纯正的麦香风味为一体，鲜美可口，软硬适中；富含蛋白质、必需氨基酸、膳食纤维、维生素和矿物质等，营养均衡，易于消化吸收，是一种新型的健康主食。

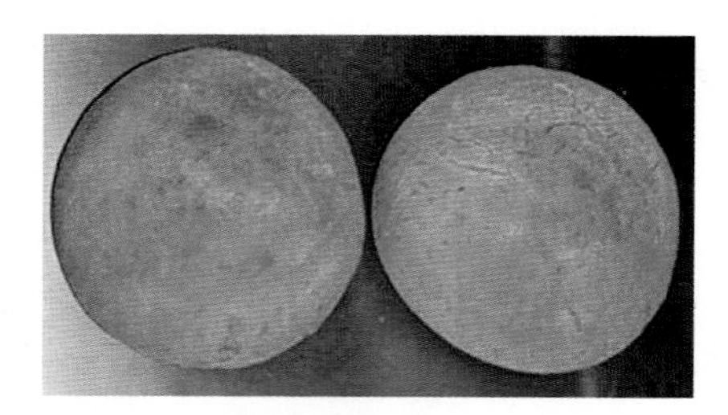

图22　甘薯面包照片（实验室自制）

2. 甘薯面包生产工艺流程及技术要点　向传统的小麦粉中添加甘薯全粉后，可能会由于面筋蛋白的稀释效应造成甘薯全粉-小麦面粉面团黏度大、发酵难、成型难、易开裂等，最终影响产品的品质。因此，中国农业科学院农产品加工研究所薯类加工与品质调控对甘薯面包的加工技术进行了研究，突破了上述难题，成功提高了甘薯全粉在面包中的占比，并实现了甘薯面包的产业化生产。

（1）工艺流程。

甘薯全粉、小麦粉等原辅料→和面→成型→发酵→焙烤→包装→甘薯面包

（2）技术要点。

①和面。将甘薯全粉、小麦粉、水、酵母、盐（或糖）等原辅料按照一定比例混合均匀后，置于和面机中，经搅拌形成均匀一致的面团。

②成型。从和面机中取出搅拌后的面团，经压面、切分后形成大小均匀的小面团，然后经专用的成型设备揉制成型。

③发酵。将揉制成型的面团置于发酵箱中，发酵温度为30 ～ 35℃，发酵相对湿度为80%～ 85%，待面团发酵为原面团的3 ～ 4倍大时，说明发酵已达到合适程度。

④焙烤。将烤箱预热至160 ～ 180℃，放入发酵后的面团烤制30分钟，即可食用。此外，也可以根据自己喜欢的口味，添加一些乳酪、果酱、坚果等，也可以做成长条形、圆形、方形等不同形状，以增加甘薯面包的花色品种。目前，已有部分企业对甘薯面包进行了生产、销售，图23是甘薯面包的产业化生产线。

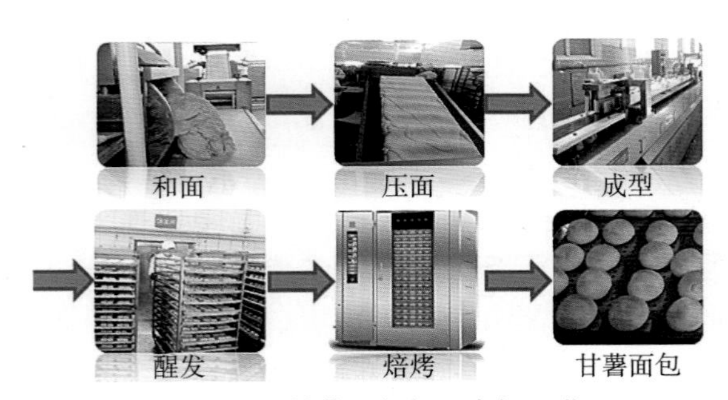

图23　甘薯面包加工车间一览

（七）冰烤薯

1.冰烤薯简介　冰烤薯是以优质新鲜甘薯为原料，经清洗、焙烤、速冻等工艺制备而成的一种新型烤甘薯制品，具有保质期长、开袋（或加热）后即可食用的特点（图24）。目前，冰烤薯产品在韩国、日本已经形成规模化生产，深受消费者青睐。在中国，冰烤薯产品尚处于起步阶段，仅有少数甘薯深加工企业生产冰烤薯产品，市场前景广阔。

图24　冰烤薯产品照片

2.冰烤薯生产工艺流程及技术要点

（1）工艺流程。

新鲜甘薯→挑选→清洗→焙烤→冷却→速冻→包装→冻藏→冰烤薯

（2）技术要点。

①新鲜甘薯的挑选。在冰烤薯的生产加工过程中，常需采用人工挑选的方式将带有虫蛀、病斑和腐烂的甘薯剔除。此外，为了保证冰烤薯在焙烤、速冻等关键环节的均一性及最终产品质量，建议挑选重量、形状相近的新鲜甘薯进行加工。

②清洗。甘薯属于根茎类作物，在采收过程中，薯体表面不可避免地会带有泥土等杂质，因此，在加工前需对鲜薯进行清洗。传统的甘薯清洗方法是将经浸泡后的甘薯送入清洗机，依靠滚筒的摩擦作用及高压水的喷淋将甘薯表皮清洗干净。

③焙烤。焙烤是生产冰烤薯的关键环节之一，用于焙烤的设备为烤箱、烤炉等，为了保证焙烤过程中甘薯受热均匀，建议选用烤炉。预先将烤炉温度调节至220～230℃，将清洗后的新鲜甘薯放入烤炉内进行焙烤直至烤熟，甘薯重量不同，焙烤

时间也不尽相同。

④冷却。将焙烤后的甘薯取出，置于冷却塔中冷却至室温。

⑤速冻。将冷却至室温后的烤甘薯迅速放入速冻机内进行速冻，当烤甘薯中心点温度降至−18℃即可。

⑥包装。待烤甘薯中心点温度降至−18℃时，取出烤甘薯样品，进行包装，可以选择普通包装、真空包装和气调包装。

⑦冻藏。将包装完好的烤甘薯样品置于−18℃下进行冻藏，即为冰烤薯产品。

3.冰烤薯的营养价值 研究发现，鲜薯及冰烤薯中均含有淀粉、灰分、脂肪、蛋白质、膳食纤维、还原糖、维生素C、总酚等营养与功能成分，且具有一定的抗氧化活性。与鲜薯相比，冰烤薯中淀粉含量显著降低，还原糖含量显著提高，这可能是因为冰烤薯在生产过程中经过烤制，鲜薯中的淀粉受热且在α-淀粉酶的作用下分解，转化为葡萄糖，从而提高了冰烤薯的甜度。此外，冰烤薯的总酚含量和抗氧化活性也显著提高，这可能是因为甘薯中的糖类和氨基酸在烤制过程中发生了美拉德反应，形成了新的抗氧化物质；也可能是因为加热破坏了甘薯的细胞壁及多酚类化合物的结构，形成更多的小分子酚类物质，这些小分子物质更容易与福林酚发生反应，因此总酚含量和抗氧化活性提高。

三、甘薯粉

（一）甘薯生粉

1.甘薯生全粉简介 甘薯生全粉是指甘薯经清洗、去皮、切分、干燥、粉碎等工序得到的粉状产品。甘薯生全粉能最大限度地保留其原有的营养物质，可用做面包、馒头、面条、膨化食品、汤料等制品的原辅料，在方便食品、冷冻食品、调理食品的加工制造中有着广泛的应用。在日本、美国等发达国家，甘薯干制产品以甘薯全粉为主，国际市场100 ~ 120目甘薯全粉出口离岸价约2 000 ～ 2 500美元/吨，而以甘薯全粉为主要原料制成食品比甘薯淀粉食品（粉丝/皮/条）增值率要高10%～20%。因此，日本每年从中国大量进口甘薯全粉，美国也开始在中国大陆建厂，利用我国甘薯资源生产甘薯全粉。但国内市场对甘薯全粉认知度仍较低，市场还有待进一步开发。

2. 甘薯生全粉生产工艺流程及技术要点

（1）工艺流程。

鲜薯→挑选→清洗→去皮→切片（条）→护色→冲洗→干燥→粉碎→包装→成品

（2）技术要点。

①原料挑选。选择新鲜、无霉烂、无病虫害和机械损伤的甘薯为原料，根据不同用途选择不同肉色的甘薯。

②清洗、去皮。用清水冲洗、毛刷清洗去除甘薯表面的泥沙，然后削皮、修整。

③切片（条）、护色。用切片（条）机将去皮后的甘薯切成厚度为2 ～ 3毫米的薄片或切成断面规格0.8厘米左右见方的条，切分后的甘薯片（条）投入事先配好的护色液中浸泡30 ～ 45分钟，以防褐变。

④干燥、粉碎。经护色后的薯片（条）捞出后用清水反复冲洗，去除表面的淀粉颗粒及护色液，然后在烘房或带式干燥机烘干至水分含量为5%～ 8%为止，干燥温度以60 ～ 65℃为宜。利用粉碎机进行粉碎，然后过筛（粒度＞60目）即可得到甘薯全粉成品（图25）。

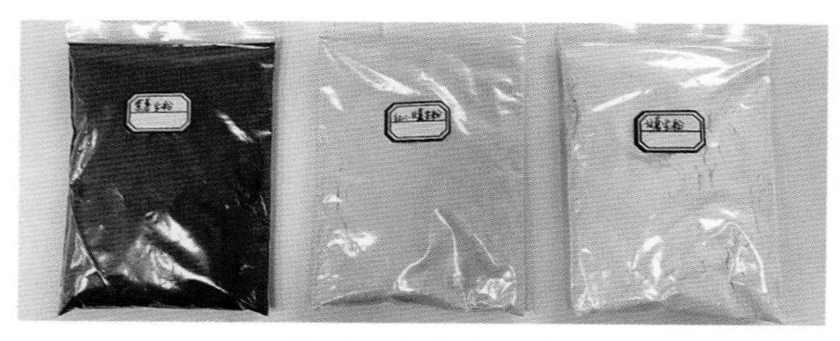

图25　甘薯生全粉

（二）甘薯颗粒全粉、雪花全粉

1. 甘薯颗粒全粉简介 甘薯颗粒全粉是以新鲜甘薯为原料，经挑选、清洗、去皮、切片、护色、蒸煮后，在一定条件下将组成薯体的甘薯细胞分解为若干个完整的单个甘薯细胞，并采用低剪切力、低挤压力的干燥技术制备而得的一种颗粒状、且具有较高细胞完整度的甘薯加工制品（图26）。

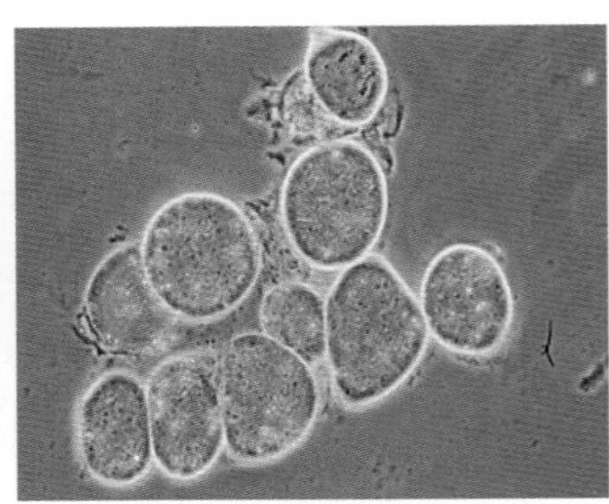

图26 甘薯颗粒全粉（左）及其细胞结构（右）

2. 甘薯雪花全粉简介 甘薯雪花全粉是以新鲜甘薯为原料，经挑选、清洗、去皮、切片、护色、蒸煮后，采用滚筒干燥等工艺加工制成的片状或粉状熟化脱水制品（图27）。

图27 甘薯雪花全粉（黄色、紫色）

3. 甘薯颗粒全粉生产工艺流程及技术要点

(1) 工艺流程。

新鲜甘薯→挑选→清洗→去皮→切片→护色→浸钙→蒸制→制泥→回填→干燥→甘薯颗粒全粉

(2) 技术要点。

①新鲜甘薯的挑选。在甘薯颗粒全粉的生产加工过程中，常需采用人工挑选的方式，将带有虫蛀、病斑和腐烂的甘薯剔除。

②清洗、去皮。甘薯属于根茎类作物，在采收过程中，薯体表面不可避免地会带有泥土等杂质，因此，为控制甘薯颗粒全粉中杂质的含量，在加工前需对鲜薯进行清洗。传统的甘薯清洗方法是将经浸泡后的甘薯送入清洗机，依靠滚筒的摩擦作用及高压水的喷淋将甘薯表皮清洗干净。

此外，甘薯表皮与薯肉颜色存在一定的差异性，且表皮口感粗糙，若不去除会对甘薯颗粒全粉的外观和口感产生不良影响。目前比较流行的去皮方法有蒸汽去皮和摩擦去皮，其中，蒸汽去皮是将甘薯放入蒸汽去皮机内，通过高压蒸汽使表皮熟化，然后瞬间减压，使表皮脱落；摩擦去皮是采用一种多转轴设备，使薯块与该设备转轴上的刷子经不同转动方向形成摩擦而去皮。鉴于甘薯芽眼较深，目前生产企业常用的是摩擦去皮结合人工的方法去除甘薯表皮。

③切片。甘薯颗粒全粉生产加工过程中多需采用加热的方式软化和松散化甘薯细胞组织。经研究发现，适宜的甘薯切片厚度为8 ~ 15毫米，在此条件下可以保证后续加热过程中，甘薯物料均匀地软化和松散化。

④护色。经研究证实，在甘薯颗粒全粉的生产加工过程中，浓度为0.1%的抗坏血酸是较为理想的护色剂，可以确保甘薯在加工过程中不受褐变的影响，进而使甘薯颗粒全粉制品具有良好的色泽。

⑤浸钙。通过研究发现：浸钙浓度是影响甘薯颗粒全粉品质的重要因素之一。如薯片经不同浓度钙溶液浸泡后，生产制

备的颗粒全粉游离淀粉含量差异显著，幅度达6%。甘薯颗粒全粉生产加工的适宜浸钙浓度为56.04 ~ 63.96毫克/升。

⑥蒸制。蒸制是甘薯颗粒全粉生产加工的核心工序，其目的是将甘薯细胞组织松散化，进而在后续工艺过程中能够保证甘薯细胞组织分解为完整的单个甘薯细胞。蒸制不足或是过度，均不利于甘薯细胞的完整分离。甘薯颗粒全粉生产加工的适宜蒸制参数为：11.21 ~ 12.80分钟。

⑦制泥。制泥是将组织紧密的甘薯细胞较为完整分离的主要工序。目前，甘薯颗粒全粉的制泥方式分为挤压制泥和搅拌制泥两种。从细胞完整度方面考虑，搅拌制泥更加适合于甘薯颗粒全粉的生产。此外，在制泥过程中可以添加一定量的乳化剂来降低薯泥的黏性，提高其分散性，进而降低甘薯颗粒全粉中游离淀粉的含量，单硬脂酸甘油酯是较为适宜的乳化剂，添加量为0.1%。

⑧回填、干燥。为了保证甘薯颗粒全粉的细胞完整度和营养价值，在颗粒全粉的加工过程中应尽量避免机械强度大和温度较高的操作（例如强力挤压、高温干燥等），因此，不能采用滚筒干燥等高温干燥方式。现阶段，在甘薯颗粒全粉的生产加工中一般采用气流干燥和闪蒸干燥，为保障进料的顺畅性和防止黏结，常需采用回填的方式，将干燥的颗粒全粉回填至薯泥中，使薯泥的水分含量降至30%左右，以满足气流干燥和闪蒸干燥设备的要求。

目前，中国农业科学院农产品加工研究所薯类加工与品质调控创新团队在云南省某企业建立了一条年产1 500吨紫薯颗粒全粉生产线，实现了产业化生产（图28）。

4. 甘薯雪花全粉生产工艺流程及技术要点

（1）工艺流程。

新鲜甘薯→挑选→清洗→去皮→切片→护色→蒸制→制泥→滚筒干燥→甘薯雪花全粉

（2）技术要点。甘薯雪花全粉与甘薯颗粒全粉的加工在新

图28　云南省某企业紫薯颗粒全粉生产车间一览

鲜甘薯的挑选、清洗、去皮、切片、护色、蒸制、制泥等方面是相似的，在第三部分已经介绍了甘薯颗粒全粉的加工技术，因此，本部分对此不再赘述，读者可以参考甘薯颗粒全粉的加工技术要点。

与甘薯颗粒全粉不同的是，甘薯雪花全粉是新鲜甘薯经过挑选、清洗、去皮、切片、护色、蒸制、制泥等工艺后，被输送到滚筒干燥机中，将糊状物料干燥成片状制备而成。此外，也可根据需要，将片状全粉经过粉碎制成粉状制品。甘薯雪花全粉的加工不涉及回填拌粉，制泥后直接干燥，工艺相对简单，但是细胞破坏率较高，口感、风味不如颗粒全粉。

目前，国内从事甘薯雪花全粉加工的企业较多，主要分布在山东、河南、河北、浙江、四川等甘薯主产区，据中国淀粉工业协会甘薯淀粉专业委员会统计，2017年，全国甘薯雪花全粉产量为9 000余吨。

5. 甘薯颗粒全粉和雪花全粉在食品加工业中的应用　甘薯颗粒全粉和雪花全粉作为一种新型的甘薯深加工制品，具有多种生产加工优势，例如鲜薯营养成分保留率较高、复水性好、再加工利用途径广、仓储性能佳等，因此在食品加工业中有非常广泛地应用。例如，可以用来加工馒头、花卷、丝糕、豆包、面包、面条等主食产品，也可以用于加工甘薯糕点、饼干、冰激凌、固体饮料、酸奶、薯条、甘薯泥等休闲食品。

（三）甘薯复合粉

1. 甘薯复合粉简介 甘薯复合粉是指以甘薯全粉等为原料，复配食品添加剂制成的不需添加其他辅料即可直接制作食品的制品。甘薯复合粉作为一种可以加工多种甘薯食品的原料，减少了消费者因制作一种甘薯食品需要购买大量食材和原辅料的麻烦，降低了相对原材料的购买支出，节省了混合制粉等时间，可以在家庭、食堂，以及食品企业制作馒头、面包、饼干等多种食品。

2. 甘薯复合粉生产工艺流程及技术要点

(1) 工艺流程。甘薯复合粉需要在前期研究的基础上，明确甘薯全粉、小麦粉或其他原料粉及食品添加剂等成分的最佳配比，按照此配方在一般家庭可以达到的条件下可以生产出适当的甘薯产品，如甘薯馒头复合粉、甘薯面包复合粉、甘薯蛋糕复合粉。其主要工艺流程如下。

配料选择→配方优化→称重→混合→包装

(2) 技术要点。

①配方优化。将甘薯全粉、小麦粉、酵母、盐（或糖）等原辅料按照一般家庭烹饪的方式进行蒸制或焙烤，进而可以获得较佳产品质量的配方。

②称重。根据获得最优产品的配方分别称出原辅料的重量。

③混合。将称好的原辅料在混合机器内充分混合，使甘薯全粉、酵母等主要作用成分充分与小麦粉或其他辅料混合在一起，以便后期产品的烹饪加工，图29为市售紫薯自发粉。

图29　市售紫薯自发粉

四、甘薯饮品

（一）甘薯汁饮料

1. 甘薯汁饮料简介　果蔬汁类饮料是全球最重要的饮料品种之一。近年来，随着人们对甘薯营养价值和保健功能的认识，甘薯制品越来越受到消费者的青睐。甘薯饮料作为一种新型保健饮料，使消费者在享受甘薯营养保健的同时，还可以体验到食品的色、香、味。甘薯汁饮料在国际上已备受青睐，而在国内却刚刚起步。

目前，国内饮料市场以水果饮料、碳酸饮料、茶饮料为主，粮食饮料相对较少。我国关于甘薯饮料研究主要是甘薯澄清饮料、果肉饮料、甘薯复合果菜汁、酸乳饮料等，而且基本上处于起步阶段，很少进入工业化生产。甘薯汁饮料系以新鲜甘薯为原料，不添加任何增香剂和人工色素，保留甘薯的自然色泽和风味，同时具有甘薯的全部营养及保健功能，作为一种新型饮料受到人们的喜爱。

2. 甘薯饮料生产工艺流程和技术要点

（1）工艺流程。

甘薯→挑选→清洗、去皮、切片→打浆→酶解→离心分离→调配→均质→脱气→杀菌→灌装、冷却→成品

（2）技术要点。

①原料。选择肉质呈橙红色或紫色的新鲜甘薯做原料，剔除霉变、腐烂、病虫害和机械损伤的不合格原料。

②清洗、去皮、切片。薯块经清洗、去皮等工序后，用切片机切成3毫米厚的片，必要时需进行护色。

③烫漂。将洗净沥干的薯片放入沸水中，以杀灭酶的活性，同时也起到杀菌作用。

④打浆。烫漂后的甘薯片送入破碎机中打浆，需加一定比例的水。

⑤酶解。在设定的温度下酶解转化提高甘薯汁的糖度。

⑥离心分离。酶灭活后的甘薯浆用高速离心机进行固液分离，即得到甘薯原汁。

⑦调配。在甘薯原汁中按照配方要求依次加入其他配料，搅拌均匀。

⑧均质。用高压均质机在18 ～ 25兆帕压力下，对调配好的甘薯饮料半成品进行均质处理，提高成品的稳定性。

⑨脱气。调配后的甘薯汁饮料送入脱气罐中脱气，防止维生素C等易氧化物质的氧化。脱气罐真空度为90 ～ 94千帕。

⑩杀菌。均质后的甘薯汁饮料送入不锈钢杀菌锅中杀菌25 ～ 30分钟。

⑪灌装、冷却。当杀菌后的饮料温度降到70 ～ 80℃时，在无菌条件下装入干净并消毒的玻璃瓶中封盖并迅速冷却至室温，或采用自动灌装线灌装，包装材料可以是玻璃瓶、易拉罐、塑料瓶等（图30）。

图30 甘薯汁饮料

（二）甘薯蒸馏酒

1. 甘薯蒸馏酒简介 酒精类饮料可以分为酿造酒、蒸馏酒和配制酒三大类。蒸馏酒与酿造酒相比，在制造工艺上多了一道蒸馏工序，所以其酒精度比原酒液的要高得多，一般酿造酒的酒精度低于20%，而蒸馏酒根据蒸馏程度不同，酒精浓度不同，可高达 60%以上。因酒精含量高、杂质含量少，蒸馏酒可以在常温下长期保存，一般情况下可以存放5 ~ 10年。即使在开瓶以后，也可以存放一年以上的时间而不变质。

国际上具有代表性的蒸馏酒有白酒、威士忌、金酒、白兰地、朗姆酒、伏特加、烧酒等，其中中国白酒和日本烧酒可以用甘薯作为原料。

2. 甘薯蒸馏酒生产工艺流程和技术要点

（1）工艺流程。

甘薯→挑选→清洗→去皮→粉碎→调浆→蒸煮→酶解（液化、糖化）→接种 →发酵→蒸馏→装瓶

（2）技术要点。

①原料选择。甘薯以高淀粉品种为宜，对大小没有要求，但是必须新鲜、无霉变、无病虫害、清洗干净。有自然晾干条件的地区也可以用符合条件的鲜甘薯制作薯干作为原料，以延长原料供应期。

②去皮。甘薯皮中果胶含量较高，在高温蒸煮时，果胶会

分解产生甲醇。为避免产生甲醇及皮中泥沙清洗不彻底，需要将甘薯去皮。以薯干为原料的地区，制作薯干前同样需要去皮，然后再加以晾晒。

③粉碎。鲜薯可以用薯条机切成条状、用薯片机切成片状或者用粉碎机粉碎成浆。薯干用粉碎机粉碎成粉末，粉末粒径以可以通过12目筛为宜。

④调浆。 粉碎后的原料需要加水，一方面增加原料的流动性，另一方面为淀粉糊化提供必需的水分。有条件测定原料淀粉和糖含量的企业可以根据原料总可发酵糖含量加水，以稀释至总可发酵糖含量18%～21%为宜。没有测定条件的，一般1份鲜薯加0.3 ～ 0.5份水，或者一份薯干加3 ～ 4份水。

⑤蒸煮。酵母不能直接利用淀粉，甘薯中的淀粉必须经过蒸煮糊化才能被淀粉酶水解为可经酵母发酵为酒精的糖，这一高温过程还有杀死杂菌防止产生有毒或有害代谢产物的作用。可以通过蒸锅或者蒸煮罐配合蒸汽锅炉进行蒸煮，为防止薯肉部分的果胶分解，蒸煮温度以90 ～ 100℃为宜。蒸煮时间视破碎程度不同而不同，蒸透、内无生心即可。

⑥液化、糖化及发酵。蒸煮后的甘薯经淀粉酶水解后即可利用酵母进行酒精发酵，这一过程可以通过酒曲实现或者由酶及酿酒酵母联合完成。

酒曲是混合微生物体系，含有可以分泌淀粉酶的微生物和酿酒酵母。甘薯完成蒸煮糊化后通过自然冷却或者容器外喷淋水辅助降温，然后转入发酵容器，最大装样量为容器容积的70%。至全部醪液的温度降至28 ～ 30℃时，加入酒曲，与甘薯醪充分混匀。

酒曲的功能可以被酶和酵母代替。甘薯完成蒸煮糊化后立即趁热加入商品化液化酶（α-淀粉酶）并混匀，作用30分钟后再开始降温、并转入发酵容器。待全部醪液的温度降至28 ～ 30℃时，加入糖化酶（葡萄糖淀粉酶）和酿酒高活性干酵母，与甘薯醪充分混匀。酶和酵母因厂家不同和活性不同，使用量也有所差异，可以根据说明书上的推荐剂量使用。

酒曲因微生物复杂，所以香味丰富。而“酶+酵母”风味质量就不如酒曲发酵复杂而丰满，但出酒率较高，且发酵速度快。无论是哪种形式，均有以下几点需要注意：

a.蒸煮后的甘薯醪液为无菌状态，但因部分糖的释放使得其微生物可利用性增高，因此，后续使用的容器和操作过程应注意洁净和无菌操作，有消毒条件的可以对容器进行蒸汽消毒，无条件的可以利用热水烫洗，以避免杂菌污染。

b.酒精发酵为厌氧发酵，为避免空气进入发酵体系、酒精和香气成分挥发以及污染杂菌，发酵过程中不要频繁打开发酵容器；发酵过程会产生二氧化碳，因此要保证发酵容器向外排气通畅。发酵容器可以是发酵罐或者坛子，坛子要求不能进空气，只能排空气，如可以用水封的泡菜坛（图31），但要随时注意补充密封用水。

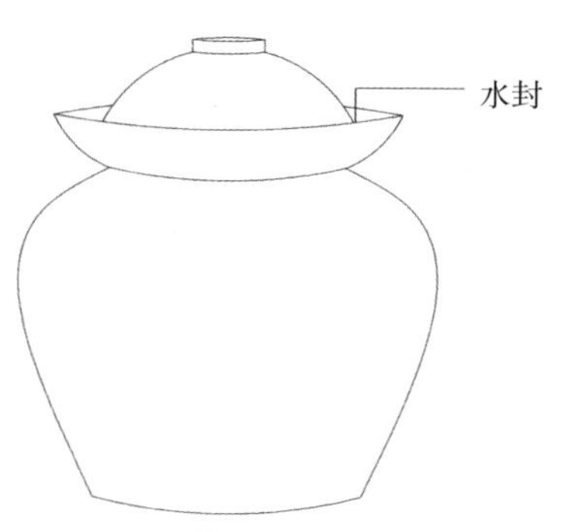

图31　甘薯酒简易发酵设施（水封坛）

c.发酵时间与发酵温度有关，发酵过程中可通过控制环境温度使发酵醪（图32）温度保持在25 ～ 32℃。至发酵醪不产气后，轻柔搅拌使底部醪液上移，以避免体系不均匀造成的发酵不完全。继续发酵1 ～ 2天仍不产气后，即可蒸馏。

d.发酵过程中会产生二氧化碳，工业化生产中常收集后再利用。如无收集条件，需要注意车间通风，避免二氧化碳中毒。

⑦蒸馏。成熟发酵醪中乙醇浓度一般在6% ～ 12%左右，通过蒸馏塔或甑锅（图33）加热使酒精、香气成分等低沸点组分蒸发为蒸汽，再经冷却、收集即可得到白酒。使用甑锅时，如发酵醪为液态或半固态、有流动性，可以直接蒸馏；如发酵醪

含水量较低、无流动性、且黏度较高，则需要添加谷壳，使醪液疏松，有利于传热和低沸点组分逸出。添加量以发酵醪不粘结为准，但不能超过20%，否则糠味影响酒香。

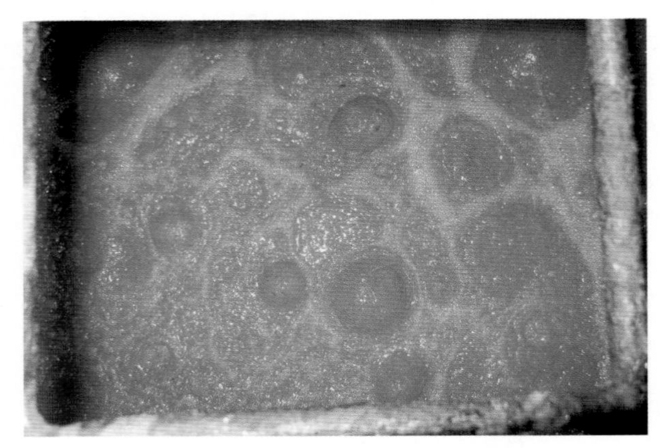

图32　旺盛产二氧化碳气的发酵醪

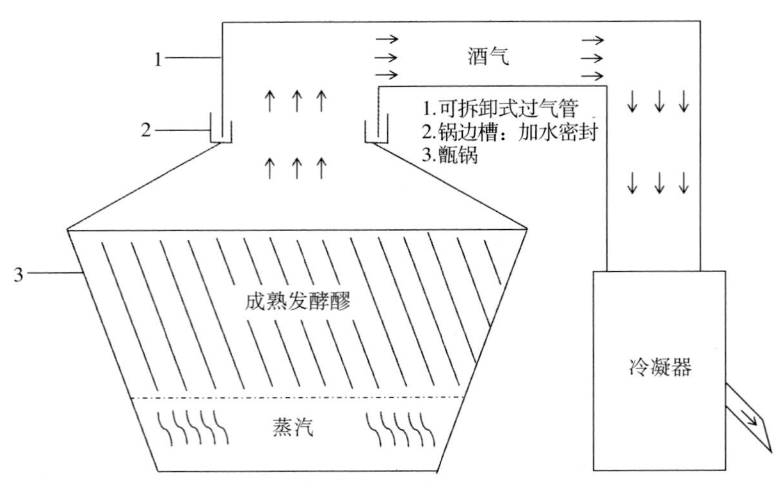

图33　甘薯酒简易蒸馏设施（甑锅）

通常蒸馏开始时用汽要缓，至馏出液的酒精度较低时，要开大汽门，大汽追尾。蒸馏白酒过程分为前中后，刚刚流出的白酒称之为酒头，甲醇、高级醇、低脂肪酸酯、醛类在酒头中较多，在酒身和酒尾中逐渐减少，酒头要去除掉或者单独储存，取微量勾兑白酒时候起到提前香的作用。随着甑锅里面残余酒精含量逐渐降低，蒸馏的白酒酒度也随着降低，到了蒸馏末端，酒度会迅速下降，之后就是酒尾。有机酸，特别是乳酸等在酒头中很少，在酒身和酒尾中含量逐渐增高。和酒头类似，酒尾单独回收或者重新蒸馏，取微量勾兑白酒时候起到增加酸度的作用。即常说的“掐头去尾”。

（三）甘薯果酒

1. 甘薯果酒简介 甘薯果酒属发酵酒。发酵酒是以粮谷、水果、乳类等为原料，利用野生或人工添加酵母菌来分解糖分，产生酒精及其他副产物酿制而成。伴随着酒精和副产物的产生，发酵酒内部发生一系列复杂的生化反应，最终赋予发酵酒独特的风味及色泽。发酵果酒原料丰富，具有各种营养成分，且酒精含量一般小于24%，属于低度酒。

目前，甘薯酿制的酒主要有甘薯蒸馏酒、非蒸馏酒（甘薯黄酒、甘薯啤酒等），以新鲜甘薯为原料添加果酒酵母酿制甘薯果酒在市场上还不多见。甘薯果酒具有浓郁的甘薯香气和鲜美爽甜的风味，酒精度数低，同时其所含的花色苷、黄酮等保健成份能更好地发挥其功效，兼具保健功能，符合当今酒类的发展趋势，有着广阔的市场前景。

2. 甘薯果酒的工艺流程和技术要点

（1）工艺流程。

甘薯→清洗→去皮→切分→蒸煮→打浆→护色→果胶酶酶解→液化→糖化→ 灭酶→调糖度、酸度→接种扩培后的酵母液→发酵→倒罐除酒脚→后发酵（陈酿）→澄清→除菌→灌装→甘薯果酒

（2）技术要点。

①原料选择。为使甘薯果酒外观吸引消费者，一般选用紫

甘薯或者红心甘薯，而且这些甘薯通常较其他品种甘薯具有更高的活性功能成分，如胡萝卜素、花青素。

酒精成分是果酒香气和风味物质的支撑物，它可使果酒具有醇厚和结构感。酒精度对果酒的质量和商品价值都有很大的影响。酒精度的高低还影响果酒的储藏，酒精度低的果酒对一些酵母菌和细菌很敏感。酒精度越高，果酒越浓烈、醇厚，干浸出物含量越高。一般甘薯果酒浓度达到10%～12%为宜，考虑到原料调浆时需要加水稀释底物，一般需要甘薯原料中可发酵总糖浓度达28%以上。

另外，因果酒对风味的要求较高，需要无病害和机械损伤的健康甘薯原料，且以收获后立即加工为宜。

②清洗、去皮。新鲜甘薯清洗、去沙。鲜甘薯皮中果胶含量较高，在高温蒸煮时，果胶会分解产生甲醇。为避免产生甲醇及皮中泥沙、霉坏部位清洗不彻底，需要将甘薯去皮后再进行发酵，必要时需进行护色。

③切分。为了在后续蒸煮时尽快蒸熟，减少能耗和营养成分的损失，需对薯块进行切分。

④蒸煮。将洗净沥干的甘薯放入蒸箱内蒸煮直至熟透即可停止加热，以确保甘薯的活性功能成分较少地受热损失。

⑤打浆。甘薯和水按照质量比1：（1.5～2）打浆，混合成均匀糊状。

⑥护色。在甘薯浆中添加一定比例的柠檬酸和抗坏血酸进行护色。

⑦果胶酶酶解。根据所选果胶酶的推荐使用参数，调节甘薯浆为最适pH，添加果胶酶在最适温度下作用1～5小时以降低甘薯浆的黏度。

⑧液化。根据所选液化酶（α-淀粉酶）的推荐使用参数，在果胶酶酶解后的甘薯浆中加入液化酶，在80～90℃下对甘薯浆进行液化处理15～90分钟。

⑨糖化。根据所选糖化酶（葡萄糖淀粉酶）的推荐使用参

数，调节为最适pH，加入糖化酶，糖化温度50 ~ 70℃，糖化时间0.5 ~ 1小时。

⑩调糖度、酸度。调节甘薯发酵醪的pH为6，初始总糖浓度调节至22% ~ 25%。

⑪灭酶。将糖化结束后的甘薯浆在80℃以上条件下保持15分钟进行灭酶，得到甘薯糖浆。这一工序后再无高温过程，即再无杀灭杂菌的过程，因此后续操作中尤其要注意使用清洁的容器操作。

⑫发酵。不同于酒精发酵关注酒精产率，需要选择酸、酯等副产物产量低的菌种，果酒发酵的菌种需要为兼顾酒精浓度和香气物质的微生物或者复合微生物。以3% ~ 5%的接种量将活化扩培后的果酒酵母接种至甘薯醪中，18 ~ 25℃发酵7 ~ 10天，至无气泡产生，如仍有气泡产生，可延长发酵时间。

⑬倒罐除酒脚。主发酵结束后进行倒酒，先用虹吸法移取上清液，下层酒液用高速离心机或板框压滤机分离，没有设备条件的也可以利用尼龙滤布进行固液分离。固液分离剩余的酒渣即可作为果醋发酵的原料生产甘薯果醋。

⑭后发酵（陈酿）。将酒液在9 ~ 15℃陈酿一个月以上。

⑮澄清。采用硅藻土进行过滤澄清。澄清后的果酒如图34。

图34　澄清后的甘薯果酒

⑯除菌。过0.45微米滤膜，以去除酵母菌和生产过程中可能引入的少量杂菌。

⑰装瓶。装入深色玻璃瓶中，尽量装满，以防止氧化，密封。

⑱储存。放置于阴凉、避光、无异味、适当通风的环境。成品甘薯果酒视保存温度、密封程度不同，保质时间不同，建议1年内饮用。甘薯果酒如图35和图36。

图35　紫甘薯果酒

图36　不同花青素含量的紫甘薯果酒

（四）甘薯果醋

1.甘薯果醋简介　甘薯果醋，是通过微生物发酵酿制而成的一种营养丰富、风味优良的酸味饮品、调味品。它兼有甘薯和食醋的营养保健功能。

2.甘薯果醋生产工艺流程和技术要点

（1）工艺流程。

果酒／酒精发酵后剩余的新鲜薯渣→加水打浆→接种扩培后的醋酸菌→发酵→固液分离→澄清→除菌→灌装→甘薯果醋

（2）技术要点。

①原料选择。酿造醋的过程是醋酸杆菌发酵葡萄糖或者酒精生成醋的过程，因此，原料可以是甘薯，也可以是甘薯酒发

醇醪经固液分离后剩余的固体部分——酒渣。以甘薯等淀粉质物质为原料时，需要先进行糖化及酒精发酵，然后进行醋酸发酵。而以酒渣为原料时则可以利用其中残存的酒精直接发酵。另外，醋酸菌生长和发酵过程中需要氨基酸等物质，一般通过在发酵醪中添加酵母汁、曲汁或其他含氮有机质来实现，而酒渣中残余大量的酵母，菌体蛋白可转化为醋酸所需要的氨基酸，而无需额外添加，因此，以酒渣发酵产醋是非常具有经济性的。但是需要注意的是，分离获得的酒渣因挥发等原因导致酒精浓度降低，所以相应的抑制杂菌的能力也降低，因此不宜久存，需要在一天内进行醋酸发酵。而且所有设备、容器使用前后均需清洗，做到无脏物、无异味、无铁锈，建议使用不锈钢设备。有条件的一定要做到无菌操作。

在各种酒渣中，紫薯酒渣因残余的花青素在酸性条件下进一步释放，不但使得生成的醋具有抗氧化等保健功能，而且色泽红亮，特色鲜明（图37）。

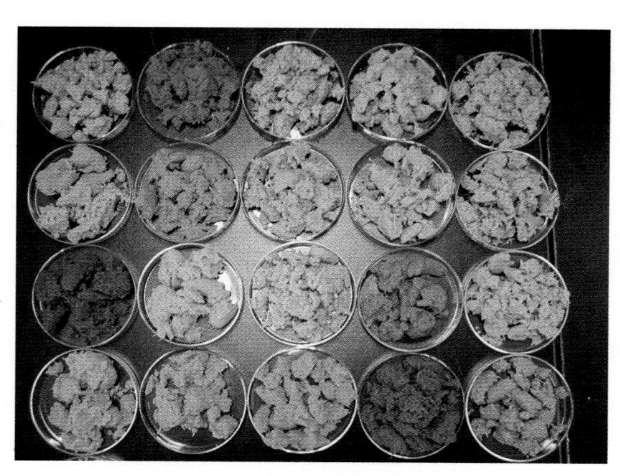

图37　不同品种甘薯果酒酒渣

②调浆。根据酒渣中的酒精浓度加入一定量的洁净水，增加醪液的流动性，同时将醪液酒精浓度稀释至4%左右，酿造

饮用醋时酒精浓度可以稍低，酿造调味醋时酒精浓度可以增加。洁净水可通过煮沸杀菌获取，但一定要确保水温低于35℃时再调浆，以免造成酒精挥发。调好的醪液存于发酵罐或坛子中，立即接种。

③接种、发酵。根据商品化醋酸菌的推荐使用量在醪液中加入醋酸菌，充分搅拌均匀。30 ～ 35℃条件下，好氧培养15 ～ 20天，以酒精完全转化为醋酸来判断发酵结束时间，没有测试条件的可以通过是否残余酒精气味进行大致判断。如采用坛子发酵，需要利用8层纱布将容器封口，在保证空气通畅的情况下防止灰尘、鼠虫等进入容器，期间利用洁净的搅拌桨搅拌发酵醪为醋酸菌供氧，有条件的企业则可以间歇通入无菌空气。

因醋酸菌为好氧菌，所以培养过程中在醪液表面（氧气供应最充足的部位）易产生表面平滑、白色的醋酸菌菌膜，此时，可以通过搅拌使体系醋酸菌混匀。如因卫生条件不达标而产生绒毛状的丝状真菌菌膜，则发酵失败。需要弃用物料并彻底消毒后再行生产。

根据国家标准《酿造食醋》（GB 18187—2000）要求，总酸含量高于每100毫升3.5克，而饮用果醋目前仅有苹果醋的标准，要求总酸含量高于每100毫升0.3克。可在发酵达到酸度要求后停止发酵。

④固液分离。采用200目板框压滤机进行发酵醪的固液分离，没有设备条件的也可以利用尼龙滤布代替压滤机。液体部分即为甘薯醋，固体部分（醋渣）可以继续用于制备膳食纤维或作为饲料、有机肥。

⑤澄清。过滤后的薯醋装于密闭容器中，装样量尽可能满，以赶走容器内氧气。置于避光条件下放置2周。取上清按每吨醋100毫升果胶酶的比例在薯醋中加入果胶酶，混匀。放置2天后加热至70℃保持20分钟以灭酶，此过程宜快速升温降温且保持容器密闭。置于避光条件下放置2周后取上清。

如对澄清要求不高，可省略果胶酶，仅采取加热至60℃然后自然冷却、静置的方式进行澄清。

⑥除菌。过0.45微米滤膜，以去除醋酸菌和生产过程中可能引入的少量杂菌。

⑦装瓶。装入深色玻璃瓶中，尽量装满，以防止氧化，密封。如不装瓶，长期储存时一定存于耐酸容器中。

⑧储存。放置于阴凉、避光、无异味、适当通风的环境。成品甘薯醋视保存温度、密封程度不同，保质时间不同，建议1年内食用。

（五）固体饮料

1. 固体饮料简介 固体饮料是指以糖、乳或乳制品、蛋或蛋制品、果汁或食用植物提取物等为主要原料，添加适量的辅料或食品添加剂而制成的固体制品。根据最新相关法规标准，按原料组分来对成品分类，将固体饮料分为蛋白型固体饮料、普通型固体饮料、可可粉固体饮料三类。按照固体饮料的形态，可将其分为粉末型、颗粒型、片剂型、块状型等类型。虽然我国固体饮料起步较晚，但近些年来发展相当迅速，主要原因是固体饮料具有如下一些优点：①质量显著减少，体积显著变小，携带方便；②风味自然，速溶性好，应用范围广，饮用方便；③易于保持卫生；④包装简易，运输方便。

国外固体饮料的发展迅猛，其总产值以每年10%的速率增长。目前我国固体饮料的消费水平和西方发达国家甚至是与全球的平均水平相比仍然存在较大的差距，西方发达国家的人均消费水平是我国的24倍，世界平均消费水平是我国的5倍，但是我国固体饮料近年来的消费量也正在悄然变化，以每年20%的速率稳定增长，如果未来中国固体饮料的人均消费量达到西方发达国家的1/3，国内将还有近8倍的消费需求空间，由此观之，我国的固体饮料行业的发展具有相当广阔的前景。

研究表明，甘薯固体饮料具有黏度低、分散性好、吸水速度快、复水均衡、风味浓郁、营养丰富等特点，深受消费者的喜爱。

2. 甘薯固体饮料生产工艺流程和技术要点

（1）工艺流程。

鲜薯→清洗→去皮→切块→护色→漂洗→干燥→筛分→包装→成品

（2）技术要点。

①原料。选择新鲜、成熟适度、无霉烂及病虫害和机械损伤的甘薯为原料，以黄心、红心或紫心品种为宜。

②清洗去皮、切分护色、打浆。用毛刷清洗和清水淋洗，去尽泥沙，然后去皮、切分，置于护色液中浸泡20 ～ 40分钟。

③干燥。干燥方式可采用滚筒干燥或喷雾干燥。本产品采用滚筒干燥技术，调节滚筒温度至120 ～ 150℃，调整好转速，料层厚度0.2 ～ 0.3毫米，薯泥经滚筒干燥成薄片后由刮刀刮下收集，得到甘薯速溶全粉，产品含水率为5%～ 8%。

④筛选、包装。将甘薯速溶全粉按照预定要求粉碎并过相应目数的振动筛，经包装后即成为甘薯固体饮料（图38）。

图38　甘薯固体饮料

五、冷冻甘薯

（一）速冻甘薯

1. 速冻甘薯简介　速冻是以迅速结晶的理论为基础，使产品在30秒或更短时间内迅速通过冰晶体最高形成阶段（0 ～ 3.8℃），并且在5 ～ 20分钟内将产品的温度降至−18℃以下。速冻食品由于比其他方法更能有效地保护食品的色泽、风味和营养成分，因此，速冻保鲜已成为近代国内外食品加工业中迅速发展并占重要地位的一种食品保存方法。

速冻甘薯是我国出口的特殊速冻蔬菜产品之一，具有低脂、富含纤维素、营养平衡和使用方便等优点，逐渐赢得了人们的偏爱，并走俏市场。目前，美国、日本等一些发达国家把甘薯作为保健食品，常在米面中掺加20%～ 30%的薯泥，并辅以少量鸡蛋、奶油等制成各种各样的婴幼儿保健糕点，深受消费者欢迎。速冻甘薯系列产品工艺操作简便、投资小，成本低，是目前畅销欧美、日本、韩国等国际市场的农产品。我国甘薯原料丰富，加工出口速冻甘薯产品，不仅可以实现出口创汇，还能够显著提高甘薯经济价值。

2. 速冻甘薯生产工艺流程和技术要点

（1）工艺流程。

原料→挑选→清洗→去皮→切分→护色→冲洗→漂烫→冷却→速冻→包装→冷藏

（2）技术要点。

①原料。甘薯原料应根据要求选用优良品种。薯块大小适中，粗纤维少，表面光滑，无裂痕、虫蛀、病斑和外伤。

②清洗去皮。将薯块用清水冲洗干净，工业化生产可用毛刷清洗机清洗，然后去皮和修整。

③切分。将去皮后的薯块切成厚度3 ～ 5毫米的片，或切成

断面长宽8毫米左右的条，或切成10毫米见方的薯丁。

④护色。采用柠檬酸、亚硫酸盐、异抗坏血酸等配制成护色液，将切分后的原料投入护色液中进行护色处理。

⑤漂烫、冷却。将护色处理后的薯片（条、丁）捞出后充分冲洗干净（包括表面附着的淀粉颗粒及护色液），然后投入沸水中烫漂1 ～ 3分钟（约九成熟），立即捞出，投入流动冷水中冷却。工业化生产中将采用流动冷水和冰水冷却相结合的办法使漂烫后的半成品迅速冷却至中心温度10℃以下。

⑥速冻。采用流态化连续式速冻机，在速冻温度降至−40℃左右时进料，调节运行速度，使产品在20 ～ 30分钟内中心温度达到−25 ～ −18℃，经速冻后的薯片（条、丁）互不粘连。

⑦包装、冷藏。速冻品包装车间必须保持−5℃左右的低温环境，以防产品解冻。内包装采用食用无毒性、无异味、耐低温、透气性低的聚乙烯薄膜袋。外包装采用双瓦楞纸箱，表面涂防潮油层，保持防潮性能良好，内衬一层清洁蜡纸。每箱净重10千克（500克×20袋），或根据客户要求进行包装。箱外用胶带纸封口，贴上标签后进入−18℃的冷库冷藏。相关产品见图39。

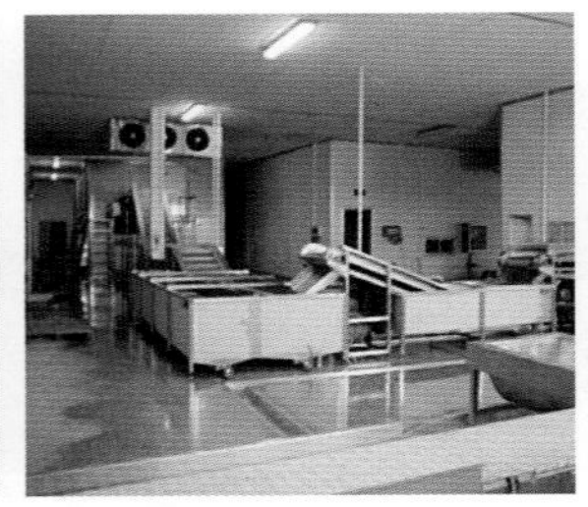

图39　速冻生产线及相关产品

（二）冷冻甘薯

1.冷冻甘薯简介　冷冻食品分为冷却食品和冻结食品，冷冻食品易保藏，广泛用于易腐食品的生产、运输和储藏，可按原料及消费形式分为果蔬类、水产类、肉禽蛋类、米面制品、调理方便食品类这五大类。冷冻食品具有营养、方便、卫生、经济等特点，市场需求量大，在发达国家占有重要的地位，在发展中国家发展迅速。

近年来，我国的甘薯食品加工越来越受到生产企业的重视。随着天然食品、保健食品的兴起，冷冻甘薯食品则独具特色，它既能保持新鲜薯块的风味和营养价值，又能迎合消费者的心理需求，且该产品比较方便化和大众化，营养合理，经济实惠，有利于改善人们的膳食结构。因其加工方法简单，能保持薯块的天然属性，无任何农药残留及添加剂，具有较大的开发价值和市场潜力。

2. 冷冻甘薯生产工艺流程和技术要点

（1）工艺流程。

原料→挑选→清洗→去皮→切块→护色→冲洗→烫煮→冷却→包装→冷冻储藏

（2）技术要点

①原料。甘薯原料应根据要求选用优良品种。薯块大小适中，粗纤维少，表面光滑，无裂痕、虫蛀、病斑和外伤。

②清洗去皮。将薯块用清水冲洗干净，工业化生产可用毛刷清洗机清洗，然后去皮和修整。

③切分、护色。切块可用机械或手工，每块净重在25～30克为宜，切分后的薯块立即放入护色溶液中处理10～30分钟。

④漂烫、冷却。将护色处理后的薯块捞出后充分冲洗干净，然后投入沸水中烫漂至八至九成熟，立即捞出，投入流动冷水中冷却。

⑤包装。冷却后的薯块经沥水后即可包装，一般规格为0.5千克、1千克或2千克，采用食品级塑料袋。

⑥冷冻。将包装好的薯块置于−18℃的冷库中冷冻储藏。

六、甘薯功能性食品

（一）茎叶多酚

1. 茎叶多酚简介 茎叶多酚是指以新鲜甘薯茎叶或甘薯茎叶粉为原料，经提取、分离纯化制备的多酚类物质，具有抗氧化、降血糖、降血脂、降胆固醇、抗肿瘤等多种生物活性。

2. 茎叶多酚生产技术 中国农业科学院农产品加工研究所薯类加工与品质调控创新团队前期收集了40个我国甘薯主栽品种的茎叶，对其总酚含量和抗氧化活性进行了分析，在此基础上筛选出总酚含量高且抗氧化活性强的品种渝紫7号；然后采用超声波辅助乙醇溶剂法提取得到多酚粗提液，在此基础上对AB-8大孔吸附树脂法纯化茎叶多酚的工艺参数进行了优化，确定了纯化茎叶多酚的最佳工艺参数为：甘薯茎叶多酚粗提液总酚浓度为2.0毫克绿原酸当量/毫升、pH为3.0、乙醇浓度为70%、进样和洗脱流速均为1倍床体积/小时。最佳工艺条件下AB-8大孔树脂可动态处理5倍床体积的甘薯茎叶多酚粗提液，采用3倍床体积的乙醇解吸液即可充分解吸甘薯茎叶多酚，吸附量和解吸率分别为26.8毫克绿原酸当量/克和90.9%。所得茎叶多酚纯度达87%以上，呈浅棕色粉末状，抗氧化活性为抗坏血酸、茶多酚、葡萄籽多酚的2～3倍。

3. 产品特点 茎叶多酚能有效清除DPPH和·OH自由基，且清除率与样品浓度之间存在显著的剂量相关性；$\cdot O_2^-$清除活性分别是抗坏血酸、茶多酚和葡萄籽多酚的3.1、5.9和9.6倍；氧自由基吸收能力分别为水溶性维生素E、茶多酚和葡萄籽多酚的2.8、1.3和1.3倍；对人体正常肝细胞LO2的保护效应高于水溶性维生素E，与抗坏血酸相当，略低于茶多酚和葡萄籽多酚。经反相高效液相色谱分析发现，茎叶多酚主要由8种多酚类物质组成：咖啡酸、3-咖啡酰奎宁酸（caffeoylquinic acid,

CQA)、4-CQA、5-CQA、3，4-CQA、3，5-CQA、4，5-CQA和3，4，5-CQA，以3种双取代的咖啡酰奎宁酸为主。体外抗氧化活性5-CQA>4，5-CQA >3-CQA>4-CQA>3，4-CQA>3，5-CQA>3，4,5-CQA；对LO2细胞保护效应3-CQA>3,5-CQA>4,5-CQA>3，4，5-CQA >5-CQA>3，4-CQA>4-CQA。该产品在食品、医药、保健品及化妆品中具有广泛的用途。甘薯茎叶多酚产业化生产流程图见图40。

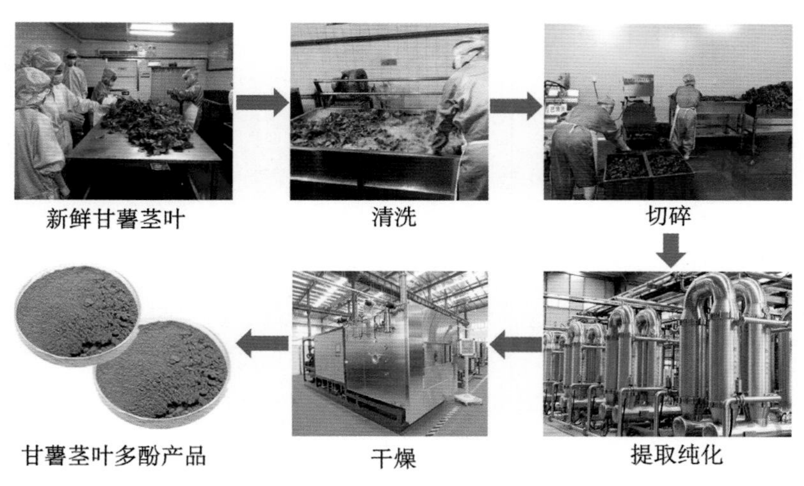

图40 甘薯茎叶多酚产业化生产流程图

（二）紫甘薯花青素

1.紫甘薯花青素简介 紫甘薯块根中富含花青素。花青素基本骨架为C6-C3-C6，具有2-苯基-苯并吡喃阳离子的典型结构，属于黄酮类化合物。花青素呈现紫色是因为结构中含有生色基团，其常与一个或多个葡萄糖、鼠李糖、半乳糖、木糖、阿拉伯糖等通过糖苷键形成花色苷。而紫甘薯花青素的特点在于糖链与酚酸类物质发生酰基化反应形成酯，生成酰基化的花色苷。紫甘薯花青素的主要成分是矢车菊素和芍药素及极少量的天竺葵素，以糖苷化后的酰基化衍生物形式存在。紫甘薯花青素的酰基多为咖啡酸和阿魏酸，这两种有机酸本身也是很好的抗氧化剂，酰基化的分子结构决定了它的稳定性较好，在微酸和中性环境下稳定性很高，与紫葡萄、紫苏、黑米和黑豆等其他来源的花青素相比，热稳定性与紫米相似，优于其他色素，光稳定性最强。较好的稳定性决定了紫甘薯花青素良好的开发应用价值。紫甘薯花青素在不同pH溶液中的色泽见图41。

图41　紫甘薯花青素在不同pH溶液中的色泽

中国营养学会在《中国居民膳食营养素参考摄入量（2013版）》中给出建议，健康人群每人每天摄入50毫克以上花青素即可预防多种慢性疾病，而亚健康人群或患有疾病人群则应相对提高摄入量。

紫甘薯花青素产品是指从新鲜紫甘薯或紫甘薯粉中提取制备的花青素类产品，具有抗氧化、提高记忆力、改善视力、抗衰老、抗炎、抑制肥胖和保肝等多种生理功能。因其天然、安全、健康，可作为保健食品的原料，也可作为天然色素添加到其他饮料（如葡萄汁、蓝莓汁等）或谷物食品中（如面包、馒头、营养粥等），并可针对不同人群需求（如营养、感官等）开发各具特色的产品。

2. 紫甘薯花青素生产技术

（1）紫甘薯花青素粉生产技术。中国农业科学院农产品加工研究所薯类加工与品质调控创新团队围绕紫甘薯花青素开展了大量研发工作，得到了紫甘薯花青素提取的最佳工艺为液固比45 ∶ 1（毫升/克），乙醇质量分数27%，硫酸铵质量分数22%，pH3.4，时间20分钟，温度25℃，此条件下制备的紫甘薯花青素的提取率和分配系数分别为90.02%和19.62，与理论预测值无显著性差异，说明模型可以预测实践中花青素的提取过程。紫甘薯花青素粉产品见图42。

图42　紫甘薯花青素粉产品

（2）紫甘薯花青素口服液生产技术。紫甘薯的加工利用方式有多种，其中紫薯花青素浓缩口服液具有以下优点：

①花青素含量高，吸收快，效果好。

②经浓缩后的包装，服用剂量小，使用方便，便于携带和储存。

③投资少，成本低，加工效率高。

由于口服液具有以上优点，在保健食品的开发中具有广泛的应用前景。

紫甘薯花青素浓缩口服液的加工工艺流程如图43：

目前，江苏徐淮地区徐州农业科学研究所开发的紫甘薯花青素浓缩口服液（图44）的包装规格为20毫升/支，其花青素含量可达到15 ～ 25毫克/毫升，每天服用2 ～ 3支即满足人体每天对花青素的总需求量，具有良好的保健效果。

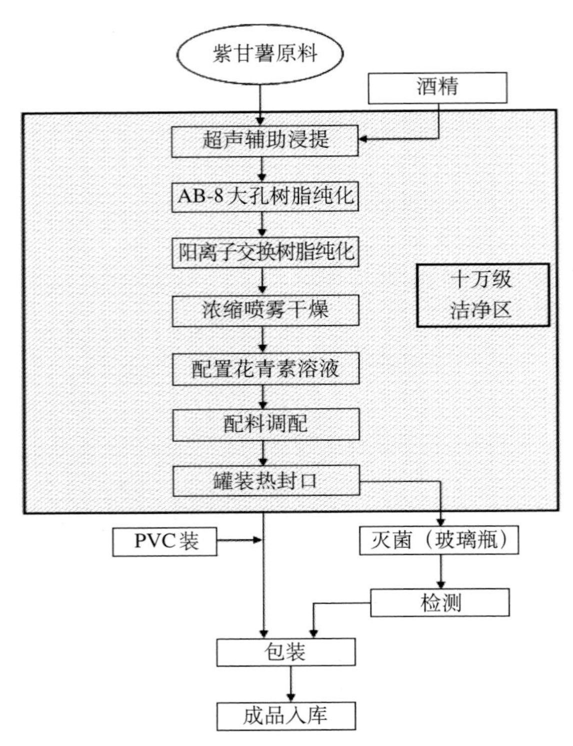

图43　紫甘薯花青素浓缩口服液生产工艺流程

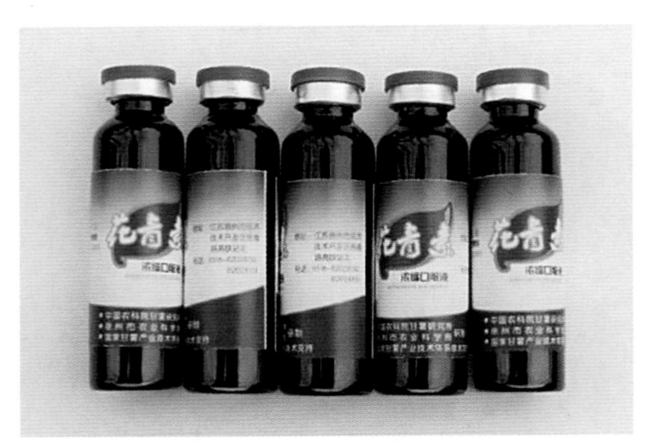

图44　紫甘薯花青素浓缩口服液

（三）膳食纤维咀嚼片

1.膳食纤维咀嚼片简介 膳食纤维是指能抗人体小肠消化吸收，而在人体大肠能部分或全部发酵的可食用的植物性成分、碳水化合物及其相类似物质的总和，被称为继糖类、蛋白质、脂肪、维生素、矿物质和水之后的“第七营养素”，具有预防便秘和结肠癌、预防心血管疾病、治疗肥胖症、消除外源有害物质等功效。

甘薯特别是甘薯淀粉加工的副产物薯渣，含有丰富的膳食纤维，约占原料的15%～25%，是膳食纤维深加工的重要来源。甘薯膳食纤维组成成分较为复杂，主要含有果胶、半纤维素、纤维素、抗性淀粉、木质素等，其中果胶等可溶性膳食纤维含量丰富，占10%～30%，明显高于大豆膳食纤维。长期以来，我国把薯渣主要作为畜禽饲料，对其营养成分没有进行充分提取和利用，造成了极大的资源浪费。

随着社会经济的不断发展，人们生活水平不断提高，“三高”、肥胖、心血管疾病、直肠癌等已经成为影响人们健康的主要因素。由于膳食纤维对以上疾病起着重要的调控作用，欧美、日本、韩国等国家，膳食纤维类食品日益受到消费者的欢迎。据不完全统计，目前我国销售的以膳食纤维概念为主的产品已超过380亿人民币，较2010年增长了300%。而发达国家已经形成一个容量达480亿美元、并仍在以超过10%的速度增长的巨大消费市场，因此甘薯膳食纤维功能性食品的开发具有广阔的国际、国内市场前景。

2.膳食纤维咀嚼片生产技术 甘薯膳食纤维咀嚼片是以甘薯薯渣为原料，经酶解、均质、干燥、配料、压片等主要步骤制成，其工艺流程为：甘薯湿渣→清洗→脱色→离心→沉淀物→粉碎→浸泡→过胶体磨→淀粉酶水解→糖化酶水解→超声波辅助纤维素酶水解→过胶体磨→均质→喷雾干燥→膳食纤维粉→配料→混合→造粒→压片→包装→甘薯膳食纤维咀嚼片（图45）。

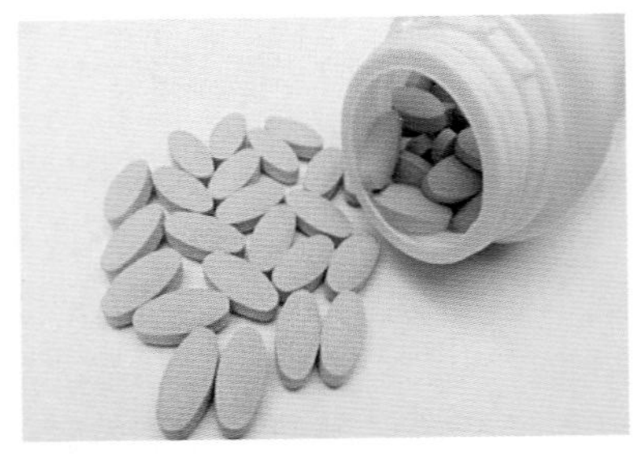

图45　甘薯膳食纤维咀嚼粉和咀嚼片

（四）甘薯茎叶青汁粉

甘薯茎叶的产量与地下部分的块根相当，因此，市场开发前景非常广阔。国内外学者研究发现，甘薯茎叶富含蛋白、膳食纤维、多酚类物质、维生素、矿物元素等营养与功能成分，可提高人体免疫力，增进身体健康。在日本，人们将甘薯茎叶与其他果蔬（如大麦嫩叶、芹菜叶、苹果汁等）按一定比例混合加工成青汁固体饮料，弥补了人们日常生活中果蔬等营养成分摄取的不足。在我国大部分甘薯茎叶都被丢弃或被用作饲料。近年来，针对甘薯茎叶已开发出少量鲜食或速冻食品。但此类产品的加工、储藏及运输条件均受到一定的限制，容易造成加工原料的损失及营养成分的劣变，不适宜中小企业生产，亟须研发适合中小企业生产，且加工、储藏、运输方便的甘薯茎叶加工技术及产品。

1. 甘薯茎叶青汁粉简介　甘薯茎叶青汁粉是将新鲜甘薯茎叶经新型制粉技术加工而成的一种色泽翠绿、富含多种营养与功能成分的粉末状制品。

2. 甘薯茎叶青汁粉生产技术　中国农业科学院农产品加工研究所薯类加工与品质调控创新团队借鉴国外先进的青汁固体饮料加工技术，对甘薯茎叶干燥制粉各个环节进行了深入研究，成功研发新型甘薯茎叶青汁粉加工关键技术，并进行了中试生产，所得产品蛋白质、膳食纤维、维生素B_1、维生素C、维生素E、矿物质（钾、钙、磷、镁、铁、锌、铜等）、β-胡萝卜素、多酚类物质含量和抗氧化活性均较高，且粉质细腻，易于冲泡。

3. 甘薯茎叶青汁粉产品特点　甘薯茎叶青汁粉产品蛋白含量达29%以上，总膳食纤维含量达40%以上，总酚含量达7%以上，抗氧化活性达56毫克抗坏血酸毫克/克。产品色泽翠绿，既可作为固体饮料，也可添加到馒头、面包、蛋糕等食品中，用途极为广泛。生产流程见图46，常见产品见图47和图48。

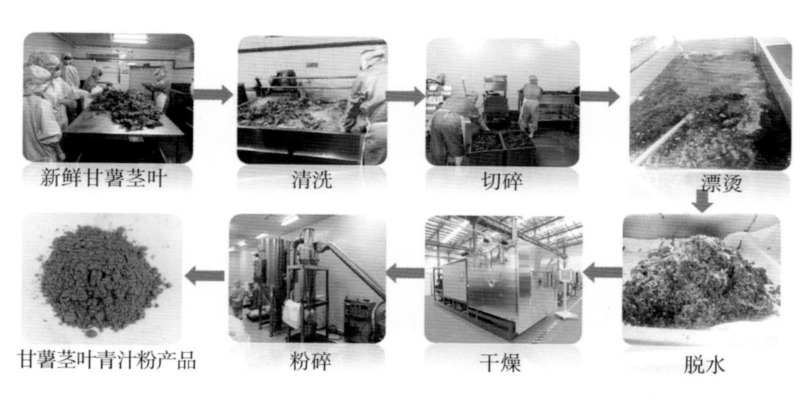

图46　甘薯茎叶青汁粉产业化生产流程图

图47　日本青汁产品

图48　超市销售的甘薯茎叶

（钮福祥　靳艳玲　孙健　等）

主要参考文献

白河清，岳兰昕，张兵兵，等，2013. 复合型油炸甘薯脆片加工工艺研究[J]. 粮食加工(2): 57-60.

丰来，王征，左斌，2009. 酶法提取分离甘薯渣可溶性膳食纤维的研究[J]. 现代生物医学进展，9(12): 2273-2276.

郭亚姿，木泰华，2010. 甘薯膳食纤维物化及功能特性的研究[J]. 食品科技，35(9): 65-69.

李宽，2003. 复合薯片生产中的几个问题[J]. 中国食物与营养(6): 29-30.

木泰华，等，2014. 甘薯深加工技术[M]. 北京：科学出版社.

孙红男，木泰华，席利莎，等，2013. 新型叶菜资源—甘薯茎叶的营养特性及其应用前景[J]. 农业工程技术(农产品加工业)(11): 45-49.

NY/T 2963-2016，2016. 薯类及薯制品名词术语[S]. 北京：中国农业出版社.

钮福祥，孙健，岳瑞雪，等，2011. 溶剂法结合超声波提取紫甘薯花青素的工艺研究[J]. 江苏农业科学，39(6): 469-471.

孙健，岳瑞雪，钮福祥，等，2013. 紫甘薯花青素的大孔树脂动态吸附工艺优化[J]. 江苏农业科学，41(6): 227 – 229.

孙健，朱红，张爱君，等，2008. 酶法提取薯渣膳食纤维及制品特性研究[J]. 长江大学学报，5(1): 88-92.

姚钰蓉，2009. 紫甘薯花青素的提取纯化、稳定性及抗氧化活性研究[D]. 河北: 河北农业大学.
袁丽娜, 2009. 甘薯全粉细胞抗破损及其浓浆食品研究[D]. 武汉: 华中农业大学.
曾洁, 徐亚平, 2012. 薯类食品生产工艺与配方[M]. 北京: 中国轻工业出版社.
赵凤敏, 杨延辰, 李树君, 等, 2005. 原料对马铃薯复合薯片产品品质影响的研究[J]. 包装与食品机械, 23(6): 9-11.
张佳欣, 范松林, 谢顾, 等, 2017. 固体饮料的性质及加工技术应用进展[J]. 轻工科技(9): 8-10.
周家华, 翟佳佳, 王强, 等, 2009. 固体饮料的开发应用研究现状农产品加工[J]. (5): 14-17.
张毅, 钮福祥, 孙健, 等, 2017. 不同地区紫薯的花青素含量与体外抗氧化活性比较[J]. 江苏农业科学, 45(21): 205-207.
张毅, 王洪云, 钮福祥, 等, 2016. '宁紫薯1号' 花青素组分鉴定及其对大鼠高脂诱导肥胖的预防效果[J]. 中国农业科学, 49(9): 1787 -1802.
郑建仙, 2005. 功能性膳食纤维[M]. 北京: 化学工业出版社: 14-23.
张春蓬, 2011. 磷酸氢二钠法制备甘薯果胶工艺及其凝胶特性研究[D]. 北京: 中国农业科学院.

第四章

甘薯淀粉加工副产物综合利用技术

在我国，甘薯主要被用于淀粉及其制品的生产，在此过程中，会产生大量的废液和废渣，若不能有效利用，不仅会带来污染，同时也是一种资源浪费，如何开发利用甘薯淀粉加工废液和废渣已经成为当前我国甘薯淀粉行业亟须解决的难题。

一、甘薯蛋白及肽

甘薯废液中约含1.5%的甘薯蛋白，还含有一些矿物质和糖，但通常被直接丢弃到环境中。据报道，甘薯蛋白具有良好的功能和营养特性，且甘薯肽具有一定的生物活性。因此，从废液中回收甘薯蛋白及生产甘薯肽，不仅可减少废液对环境的污染，也是对资源的有效利用。

（一）甘薯蛋白

1.甘薯蛋白简介 甘薯蛋白指从甘薯块根中提取的蛋白质，其约占甘薯干基的1.73%～9.14%。甘薯蛋白富含必需氨基酸，与其他植物蛋白相比具有更高的营养价值。我们已经知道，甘薯蛋白具有良好的功能与营养特性，并具有一定的抗肥胖、抗肿瘤作用，因此，其可补充到营养蛋白粉等产品中食用，也可以作为营养增补剂添加到馒头、面包、糕点、饼干等主食或休闲食品中。

2.甘薯蛋白生产技术 甘薯蛋白生产技术主要包括：硫铵

沉淀、等电点沉淀、膜滤技术、泡沫分离技术和热蒸汽蛋白沉降技术等。

（1）硫铵沉淀法。采用硫铵沉淀法生产甘薯蛋白一般包括以下工艺流程：新鲜甘薯、洗净、护色（甘薯与0.1% $NaHSO_3$溶液的体积比为1：2）、打浆、离心取上清液（8 000 ~ 10 000重力单位，30 ~ 60分钟）、加硫酸铵溶液（60%饱和硫酸铵溶液）、静置、离心（5 000 ~ 10 000重力单位，10 ~ 30分钟）、沉淀回溶、透析（分子量10 000，加10倍体积的水）或超滤（截留分子量10 000，加3倍体积水、重复3次）、干燥，即得甘薯蛋白。

（2）等电点沉淀法。采用等电点沉淀法生产甘薯蛋白一般包括以下工艺流程：新鲜甘薯、洗净、护色（甘薯与0.1 % $NaHSO_3$溶液的体积比为1：2）、打浆、离心取上清液（8 000 ~ 10 000重力单位，30 ~ 60分钟）、采用2.0摩尔/升盐酸调pH约4.0、搅拌、离心收集沉淀（5 000 ~ 10 000重力单位，10 ~ 30分钟）、加3倍体积水并采用2.0摩尔/毫升氢氧化钠溶液调节pH为7.0 ~ 8.0使沉淀回溶、干燥，即得甘薯蛋白。

（3）膜滤技术。采用膜滤技术生产甘薯蛋白一般包括以下工艺流程：新鲜甘薯、洗净、护色（甘薯与0.1% $NaHSO_3$溶液的体积比为1：2）、打浆、离心取上清液（8 000 ~ 10 000重力单位，30 ~ 60分钟）、超滤（截留分子量10 000，加3倍体积水、重复3次）、干燥，即得甘薯蛋白。

（4）泡沫分离技术。采用泡沫分离技术生产甘薯蛋白一般包括以下工艺流程：新鲜甘薯、洗净、护色（甘薯与0.1 % $NaHSO_3$溶液的体积比为1：2）、打浆、离心取上清液（8 000 ~ 10 000重力单位，30 ~ 60分钟）、采用2.0摩尔/升的盐酸调pH约4.0、泡沫分离（泡沫装置倾斜角度30°）、收集泡沫液、干燥，即得甘薯蛋白。

（5）热蒸汽蛋白沉降技术。采用热蒸汽蛋白沉降技术生产甘薯蛋白一般包括以下工艺流程：新鲜甘薯、洗净、护色（甘薯与0.1 % $NaHSO_3$溶液的体积比为1：2）、打浆、离心取上清液（8 000 ～ 10 000重力单位，30 ～ 60分钟）、采用2.0摩尔/升的盐酸调pH约4.5、加热变性（加热温度95℃，加热时间3分钟）、冷却絮凝、二次离心收集沉淀（5 000 ～ 10 000重力单位，10 ～ 30分钟）、喷雾干燥或气流干燥，即得甘薯蛋白。

（二）甘薯肽

1.甘薯肽简介 甘薯肽是指以甘薯蛋白或含有甘薯蛋白的浆液为原料，通过商业蛋白酶酶解、微生物发酵、食品加工或胃肠消化等方式制备得到的活性肽。目前，已证实甘薯肽具有一定的抗氧化活性、降血压作用和乳化特性，因此其可补充到营养肽粉、营养蛋白粉等产品中食用，也可以作为营养增补剂或抗氧化替代剂添加到馒头、面包、糕点、饼干等主食或休闲食品中。同时，还可将甘薯肽添加到护肤品中，以起到抗氧化、防衰老的作用。

2.甘薯肽生产技术

（1）甘薯降压肽生产技术。中国农业科学院农产品加工研究所薯类加工与品质调控创新团队利用胃蛋白酶水解变性甘薯蛋白制备降压肽，确定了制备甘薯降压肽的最优工艺参数为：底物浓度2.3%，酶与底物浓度比3.7%，pH2.3，温度37℃，时间8小时。在上述最优工艺条件下，所得甘薯降压肽的肽得率为80.25%，纯度为90.43%，血管紧张素转化酶（ACE）抑制率为78.37%。甘薯降压肽中分子量<3千道尔顿组分的ACE抑制效果最好，半抑制浓度为0.67毫克/毫升，其疏水性、芳香族和支链氨基酸含量较高，可能是其具有较高ACE抑制活性的原因。同时，甘薯降压肽对原发性高血压大鼠具有短期和长期的降压功效，且与降血压药物卡托普利的混合物对原发性高血压大鼠血压的降低均具有协同效果。

（2）甘薯抗氧化肽生产技术。中国农业科学院农产品加工研究所薯类加工与品质调控创新团队以变性甘薯蛋白为原料，以碱性蛋白酶Alcalase为水解酶，得出了制备甘薯抗氧化活性肽的最优工艺参数为：底物浓度为5%，酶与底物浓度比为4%，酶解pH8.0，温度57℃，时间2小时。最优工艺条件下，所得甘薯抗氧化肽的肽得率为80.64%，纯度为90.72%，羟基自由基清除活性为40.03%，亚铁离子螯合力为74.08%。甘薯抗氧化肽可通过清除羟基自由基和螯合亚铁离子保护DNA免受氧化损伤，且抗氧化活性与其<3千道尔顿组分的含量有关。5个单一甘薯抗氧化肽片段已被从甘薯蛋白Alcalase酶解产物鉴定得到，分别来源于sporamin A和B。此外，多种不同的单一抗氧化肽片段也已被从高静压下酶解制备的甘薯抗氧化肽中得到，其活性归因于His和Tyr氨基酸残基的存在。

（3）甘薯乳化肽生产技术。高静压下对甘薯蛋白进行酶解处理，可在较短的处理时间内使甘薯蛋白的乳化活性得到提高，是一种高效低耗的可行方法。通过对5种蛋白酶（Papain、AS1.398、Neutrase、Alcalase和Proteinase K）在高静压下酶解甘薯蛋白产物乳化特性的比较研究发现，采用Papain在甘薯蛋白浓度为3.0%，酶与底物质量浓度比为3.0%，300兆帕的压力下处理6分钟时，甘薯蛋白酶解产物乳化活性的改善效果最佳。与此同时，蛋白酶解产物的浓度和油相体积分数是影响乳化液体系的重要因素，而NaCl浓度和pH均显著影响甘薯蛋白酶解产物的乳化特性。

二、甘薯膳食纤维

（一）甘薯膳食纤维简介

2001年，美国谷物化学师协会（American Association of Cereal Chemists，AACC）将膳食纤维定义为：统指不能被人体小肠消化吸收、但能部分或完全在大肠中发酵的植物组分或类似碳水化合物，包括多糖、寡糖、木质素和类似植物物质。甘薯膳食纤维，顾名思义，就是从甘薯中提取的膳食纤维。

如果直接从甘薯中提取膳食纤维，需要预先除去甘薯中的淀粉，不仅费时费力，也不利于甘薯产业的健康发展。在我国，甘薯主要用来制备淀粉，研究表明，提取淀粉后的甘薯渣中含有20%以上的膳食纤维，因此，以甘薯渣为原料提取膳食纤维，不仅可以提高甘薯的附加值，还可以促进甘薯淀粉加工企业的可持续发展。

甘薯膳食纤维因具有较好的保水、持油能力，并具有一定的降血糖、降血脂、减肥、增强饱腹感等生理活性，因此可以广泛应用于主食及休闲食品、饮料、肉制品、调味料及保健食品中。

（二）甘薯膳食纤维生产工艺流程及技术要点

目前，提取膳食纤维的方法主要包括：粗分离法、化学分离法、酶解法、化学试剂与酶解结合法等。其中，酶解法因不需要强酸强碱溶液、高压，操作方便，节约能源，还可以省去部分工艺和仪器设备，有利于环境保护，适合于原料中淀粉和蛋白质含量高的膳食纤维的分离提取。由于甘薯渣中主要含有淀粉，因此，可采用单酶法（α-淀粉酶）制备甘薯膳食纤维，该方法操作简便，所得膳食纤维纯度高（＞90%），适合大规模工业化生产。下面将对单酶法制备甘薯膳食纤维的工艺及膳食纤维的应用进行详细介绍。

1.工艺流程

提取淀粉后甘薯渣→水洗→调浆→酶解→离心→收集沉淀部分→烘干→粉碎→甘薯膳食纤维粉（图49）

2.技术要点

（1）水洗。工厂提取淀粉后的甘薯渣中一般会含有一些泥沙类物质以及残留淀粉，需要用水冲洗后去除。

（2）调浆。将甘薯渣置于发酵罐中，按照一定的比例与水混合进行调浆，一般情况下，甘薯渣与水的比例为1∶20～1∶30，将调浆后的料液进行搅拌，使甘薯渣与水混合均匀。

（3）酶解。将调浆后的物料温度升至90 ～ 95℃，然后加入一定量的耐热α-淀粉酶（酶与底物浓度比为100微升/克），调节发酵罐中螺旋桨的转速为120转/分钟，酶解45 ～ 60分钟。

（4）离心。待温度降至室温后的酶解液用传送泵泵入离心机后，4 500重力单位离心20 ～ 30分钟，以除去淀粉酶解后产生的可溶性糖，收集沉淀部分，加水再次离心2 ～ 3次。

（5）烘干、粉碎。将收集的沉淀部分进行烘干，用粉碎机粉碎后，根据实际需要过筛，即得甘薯膳食纤维粉。其中，烘干可以采用气流干燥法、闪蒸干燥法和鼓风干燥法。

图49　河北省某企业采用单酶法制备甘薯膳食纤维的产业化生产流程图

三、甘薯果胶

（一）甘薯果胶简介

甘薯果胶是指从甘薯块根中提取的果胶。甘薯果胶是一类复杂的多糖类物质，主要由天-半乳糖醛酸以α-1.4糖苷键聚合而成，可分为半乳糖醛酸聚糖（Homogalacturonan，HGA）、鼠李半乳糖醛酸聚糖Ⅰ（Rhamnogalacturonan-Ⅰ，RG-Ⅰ）和鼠李半乳糖醛酸聚糖-Ⅱ（Rhamnogalacturonan-Ⅱ，RG-Ⅱ）三个不同的多糖区域（图50）。

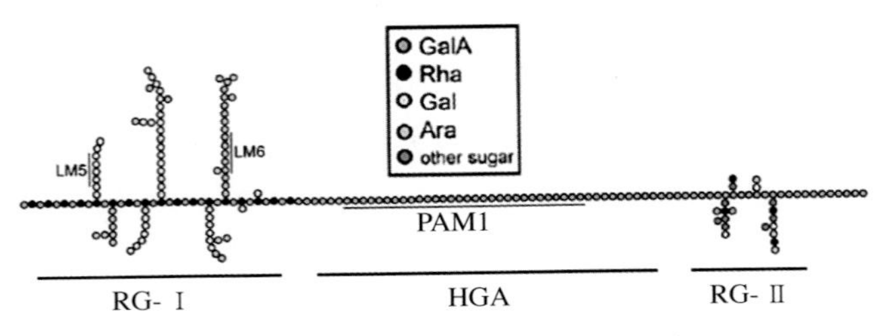

图50　果胶中三个不同多糖区域示意图

在本章第二节中已经提到，从甘薯块根中提取膳食纤维费时费力，不利于甘薯产业的健康发展，因此可从甘薯渣中提取膳食纤维。同理，甘薯渣中富含果胶，将甘薯渣开发成生产果胶的新原料，不仅能增加甘薯加工的附加值、丰富果胶生产的原料，还可以减少资源浪费和环境污染，具有重要的现实意义。

甘薯果胶因具有良好的凝胶性、保水性和乳化性等，可以广泛应用于食品加工业中。例如，甘薯果胶可以提高蜜饯产品中固形物的含量；可以改善面包面团的软硬度和稳定性，并提高面包最后的烘焙体积；若将甘薯果胶应用于冷冻食品中，则可以减缓冷冻时晶体的生长速度、减少融化时汁液的损失和改善冰制品质构；用甘薯果胶作稳定剂的酸奶制品则具有优良的风味和质构。此外，可将甘薯果胶作为食疗俱佳的保健品进行开发，具有促进肠道蠕动、调节血糖、血脂、防止胃黏膜、肠道遭受损害等保健功效。

（二）甘薯果胶生产工艺流程及技术要点

提取果胶的方法主要有酸提取法、碱提取法、酶提取法、盐提取法、超声波和/或微波提取法等，提取方法不同，果胶得率、结构及物化功能特性也不尽相同。目前，工业生产果胶的常用方法是酸提取法，且世界粮农组织规定果胶中半乳糖醛酸含量≥65%才能作为添加剂使用。因此，中国农业科学院农产品加工研究所薯类加工与品质调控创新团队以甘薯渣为原料，采用盐酸提取果胶，并以果胶得率和半乳糖醛酸含量作为果胶的评价指标，优化了甘薯果胶提取的最佳工艺，并实现了中试生产。本部分将对甘薯果胶的提取工艺流程及技术参数进行介绍，以期为工业生产甘薯果胶提供理论依据。

1. 工艺流程

提取淀粉后甘薯渣→水洗→调浆→酶解→离心→收集沉淀部分→与盐酸混匀→提取→离心→收集上清液→调pH→超滤→醇沉→离心→收集沉淀部分→冻干→粉碎→甘薯果胶（图51）

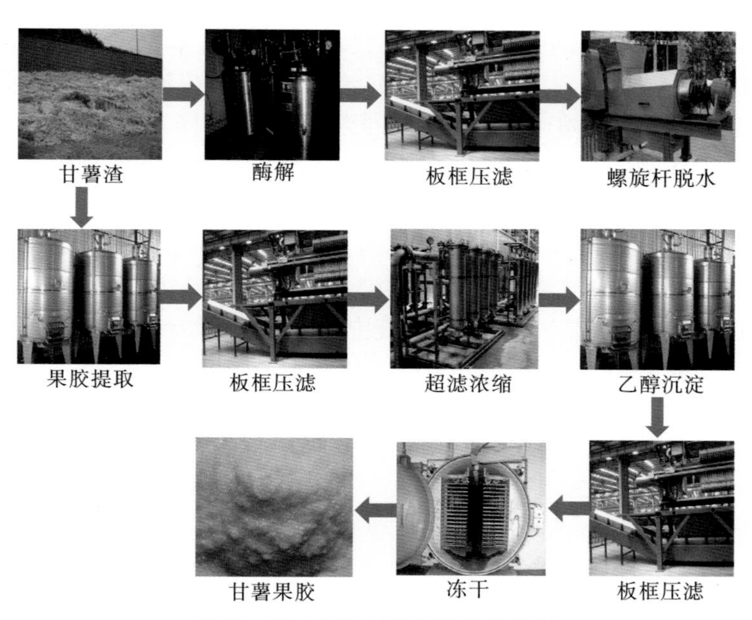

图51　工业提取甘薯果胶的流程图

2. 技术要点

(1) 水洗。工厂提取淀粉后的甘薯渣中一般会含有一些泥沙类物质以及残留淀粉，需要用水冲洗后去除。

(2) 调浆。将甘薯渣置于发酵罐中，按照一定的比例与水混合进行调浆，一般情况下，甘薯渣与水的比例为1∶20～1∶30，将调浆后的料液进行搅拌，使甘薯渣与水混合均匀。

(3) 酶解。将调浆后的物料温度升至90～95℃，然后加入一定量的耐热α-淀粉酶（酶与底物浓度比为100微升/克），调节发酵罐中螺旋桨的转速为120转/分钟，酶解45～60分钟。

(4) 离心、收集沉淀部分。待温度降至室温后的酶解液用传送泵泵入离心机后，4 500重力单位20～30分钟，以除去淀粉酶解后产生的可溶性糖，收集沉淀部分，加水再次离心2～3次。

(5) 与盐酸混匀、提取。将收集的沉淀部分放入提取罐中，加入预先配制的1摩尔/升的盐酸溶液，调节pH至2～2.5，搅拌均匀后，调节提取罐内料液的温度，待料液温度达到90～95℃时开始提取，提取时间为2～2.5小时。

(6) 离心、收集上清液。待温度降至室温后的酸提液用传送泵泵入离心机后，7 000重力单位离心30分钟，收集上清液。

(7) 调pH、超滤。向收集的上清液中加入预先配制的2摩尔/升的NaOH溶液，调节pH至3～5，用截留分子量为10 000道尔顿的膜超滤，以去除提取液中的小分子杂质。

(8) 醇沉。收集超滤后的液体，按照体积比1∶3的比例加入无水乙醇，室温下静置2～4小时。

(9) 离心，收集沉淀部分。将醇沉后的混合液置于离心机中，7 000重力单位离心30分钟，收集沉淀部分，并再次分别用浓度为70%、80%和90%的乙醇溶液洗涤3次，收集沉淀。

(10) 冻干、粉碎。将收集的沉淀溶于去离子水中，冻干、粉碎，即得甘薯果胶。

注：上述加工技术要点中涉及的离心操作单元，在工业生

产中，也可以用板框压滤机来代替离心机。

四、甘薯高纤营养粉

（一）甘薯高纤营养粉简介

薯渣（图52）是淀粉生产过程中主要的副产物，平均每生产一吨淀粉会产生6.5 ～ 7.5吨的湿薯渣。薯渣中含有丰富的膳食纤维，长期食用对降血脂有一定的功效。但是目前大部分被丢弃或者用于廉价动物饲料，造成资源的极大浪费。目前薯渣开发利用的研究主要集中在利用薯渣开发工业材料、生物燃料等生物发酵产品及功能活性成分提取等方面，尚未在实践中得到广泛应用，主要原因有以下两方面：一方面，制备工艺复杂、成本较高，且无法实现快速、连续消纳薯渣，极易导致薯渣微生物滋生或变质并影响后继处理流程的进行；另一方面，处理过程又会产生新的副产物，薯渣未能得到全部利用，不能从根本上解决问题。因此，在薯渣利用过程中，应尽可能简化生产环节工序，实现薯渣快速、连续化处理；这需要在利用过程中将薯渣一次利用完全，且不产生新的副产物。

图52　淀粉加工过程中产生的薯渣

中国农业科学院农产品加工研究所薯类加工与品质调控创新团队围绕“如何实现薯渣全利用”这一问题，开展了大量研发工作，目前已成功创建甘薯高纤营养粉生产关键技术，所得产品亮度值显著高于甘薯全粉，蛋白、膳食纤维等营养与功能成分含量也显著高于甘薯全粉，可广泛应用于馒头、面包、蛋糕、饼干等主食与休闲食品中，具有广阔的市场前景。

（二）甘薯高纤营养粉生产工艺流程（图53）

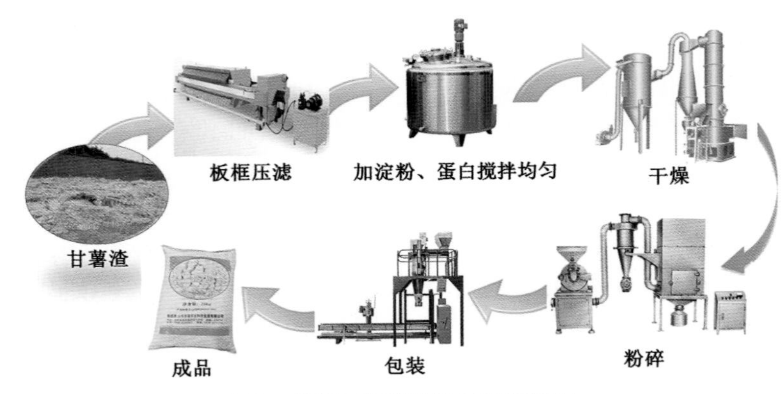

图53　甘薯高纤营养粉加工流程图

五、薯渣饲料

（一）薯渣饲料简介

薯渣制作饲料可变废为宝，解决日益严峻的环境污染问题，又为快速发展的养殖业提供短缺的饲料。处理过程不会产生新的副产物，薯渣可得到全部利用。

（二）薯渣饲料生产技术

1.原料选择　伴随淀粉产生的甘薯渣因含水量高，易受微生物污染，如在有益微生物生长前致病微生物生长成为优势菌，则会因食用不安全导致薯渣无法作为饲料饲喂动物，考虑到甘薯集中加工季节一般在冬季，气温比较低，可在薯渣产生后短暂存放用于生产饲料，但不要使用存放超过一周的薯渣。

2. 菌种　很多微生物可以利用薯渣生长，但作为益生菌饲料的生产菌种，需要为一般公认为安全（Generally recognized as safe，GRAS）的微生物且具有益生功能，如酵母、乳酸菌，也有混合的有效益生菌群（Effective Microorganisms，EM）菌种售卖。

3. 接种发酵　根据设备条件和投入成本等不同，薯渣饲料的制备工艺及成品薯渣的蛋白含量不同，具体区别如下：

（1）工厂化生产。根据提取淀粉后薯渣是否经过压滤或者离心脱水，其含水量有所不同，一般为60%～90%，有条件的企业可以控制或调节薯渣含水率至75%左右。为了加速微生物生长，可加入液化酶、糖化酶、异淀粉酶、纤维素水解酶等促进薯渣分解。甘薯淀粉加工废渣碳元素含量丰富，能为微生物提供充足的碳源维持生长，但氮元素相对匮乏，需要外加氮源方可进一步促进其生长代谢。考虑到生产成本，一般选用廉价、易得的无机氮—尿素为微生物生长提供氮源，同时，微生物通过细胞增殖，将外加无机氮源转化为自身的菌体蛋白，并利用薯渣中的碳源转化为一些有益代谢产物。需要注意的是无机氮源添加的量要适当，以足够菌体生长且无残留为宜，一般添加薯渣重量的1%～1.5%。然后，接入菌种，充分搅拌均匀。根据选用菌种的不同，好氧菌可以装入盘、罐等开放体系培养，中途间歇翻料；厌氧菌可以装入塑料袋，装满并扎口；混合培养时也可以装入塑料袋，但装样量不宜过满，待好氧菌耗尽袋中氧气即可提供厌氧环境。将薯渣置于28～35℃培养1～2周，即完成饲料制备（图54）。加入淀粉水解酶进行液化糖化的，培养结束后，薯渣蛋白可高达18%（以干基计）。未进行液化糖化的，薯渣蛋白含量为7%～9%。

图54　正在进行发酵的薯渣饲料
（图片提供者：靳艳玲）

（2）就地生产。整个生产过程低投入、少工序。加入氮源和菌种混合均匀后，即可选择合适的容器（如装入塑料袋），室温放置，培养时间长达数月。培养结束后，薯渣蛋白可达5%。

（木泰华　孙红男　张苗　等）

主要参考文献

曹健生，陈其恒，和云萍，等，2014. 甘薯粉渣的营养成分含量及再利用研究[J]. 安徽农业科学，42(26): 9174-9175，9179.

刘玉婷，吴明阳，靳艳玲，等，2016. 鼠李糖乳杆菌利用甘薯废渣发酵产乳酸的研究[J]. 中国农业科学，49(9): 1767-1777.

沈维亮，靳艳玲，丁凡，等，2017. 甘薯淀粉加工废渣生产蛋白饲料的工艺[J]. 粮食与饲料工业(12): 41-45.

王晓梅，2013. 甘薯膳食纤维提取工艺及防治Wistar大鼠肥胖症效果的研究[D]. 北京：中国农业科学院.

魏海香，梁宝东，木泰华，2008. 甘薯果胶提取工艺研究[J]. 食品工业(4): 26-29.

图书在版编目（CIP）数据

甘薯储藏与加工技术手册/全国农业技术推广服务中心，国家甘薯产业技术研发中心主编．—北京：中国农业出版社，2021.9

（中国甘薯生产指南系列丛书）

ISBN 978-7-109-28815-7

Ⅰ．①甘…　Ⅱ．①全…②国…　Ⅲ．①甘薯－食品贮藏－技术手册②甘薯－食品加工－技术手册　Ⅳ．①S531-62②TS215-62

中国版本图书馆CIP数据核字（2021）第202202号

中国农业出版社出版

地址：北京市朝阳区麦子店街18号楼

邮编：100125

责任编辑：黄　宇　王黎黎　刘婉婷

版式设计：王　晨　　责任校对：吴丽婷　　责任印制：王　宏

印刷：北京中科印刷有限公司

版次：2021年9月第1版

印次：2021年9月北京第1次印刷

发行：新华书店北京发行所

开本：880mm×1230mm　1/32

印张：3.25

字数：80千字

定价：35.00元
